인간심리와 경쟁전략을 다룬 고전 필독서

# 孫子兵法

손자병법
펜글씨 쓰기

일러두기

1. 손자병법은 〈십일가주손자〉〈죽간본 손자〉를 비롯해 여러 판본이 전한다. 시사정보연구원은 손자병법 본문을 해석함에 있어 여러 판본
   의 원문과 해설서를 비교하여 독자가 손자병법 내용을 쉽게 이해할 수 있도록 손글씨 따라쓰기 책으로 편집하였다. 원문에는 없지만 한
   글 해석상 필요한 내용은 별도의 각주 대신 해석문을 괄호 안에 두어 독자의 이해를 도왔다.

2. 손자병법을 이해하는 데 중요한 점은 손자가 사용한 한자 단어의 뜻을 잘 가려 이해하는 것이다. 시사정보연구원은 여러 의미를 지닌 한
   자라도 일관되게 우리말로 옮기고자 하였다. 문맥상 의미가 명백하게 다른 경우를 제외하고 우리말 번역을 통일하였다. 원문 중 다중의
   의미가 있는 한자 해석에는 괄호를 두어 독자의 편의를 도모하였다.

   • 병(兵): 손자병법에서 병은 주로 전쟁, 용병, 군대, 전력, 군사의 의미로 사용한다. 시사정보연구원은 '군사를 부리다'라는 의미를 지
     닌 용병으로 해석하되 문맥에 따라 뜻을 가렸다. 영문해석에서 병(兵)은 전쟁의 기술(the art of war)로 번역되었고 이 단어가 그대로
     손자병법의 영문판 제목이 되었다(Giles Translation).

   • 장(將): 손자병법에서 장(將)은 대부분 장수를 의미하지만 역자에 따라 문맥상 장차~, 만약~의 의미로도 사용한다. 시사정보연구원은
     문맥에 따라 뜻을 가렸다.

   • 전(戰): 손자병법에서 전(戰)은 전쟁의 의미와 전투의 의미 둘 다 쓰이지만 시사정보연구원은 전쟁과 전투의 의미를 구분하고 문맥에
     따라 뜻을 가렸다. 전쟁은 국가 간의 싸움을 의미할 때 사용하고 전투는 특정한 장소와 시기에 하는 싸움을 의미할 때 사용한다.

   • 형(形), 세(勢), 절(節): 손자병법에서 형(形), 세(勢), 절(節)은 중요한 키워드이다. 시사정보연구원은 형(形), 세(勢), 절(節)을 한자음
     그대로 옮겨 해석하고 다른 해석이 필요할 경우 괄호 안에 의미를 더하였다.

인간심리와 경쟁전략을 다룬 고전 필독서

# 孫子兵法

## 손자병법 펜글씨 쓰기

손무 지음

시사패스 SISAPASS.COM

인간심리와 경쟁전략을 다룬 고전 필독서

# 孫子兵法 손자병법 펜글씨 쓰기

초판 발행    2020년 5월 20일

지은이     손무
편저자     시사정보연구원
발행인     권윤삼
발행처     도서출판 산수야

등록번호    제1-1515호
주소      서울시 마포구 월드컵로 165-4
우편번호    03962
전화      02-332-9655
팩스      02-335-0674

ISBN 978-89-8097-427-6    13390

이 도서의 국립중앙도서관 출판시도서목록(CIP)은
서지정보유통지원시스템 홈페이지(http://seoji.nl.go.kr)와
국가자료공동목록시스템(http://www.nl.go.kr/kolisnet)에서 이용하실 수 있습니다.
(CIP 제어번호 : CIP2018000481)

전쟁의 기술과 인간심리를 다룬 동양 고전
전 세계의 리더들이 가까이 두고 마음에 새기는
손자병법을 읽고 따라 쓰다

춘추전국시대는 나라의 존망이 전쟁으로 결정되던 시대였습니다. 전쟁이 곧 삶이었던 그 시대에 오나라 합려를 섬기던 손무는 용병과 전쟁의 기술에 관하여 6,000자 정도의 짧은 내용을 담은 『손자병법』을 썼습니다. 『손자』, 『오손자병법』, 『손무병법』으로 불리기도 하는 『손자병법』은 『한서』 예문지에 82편, 도록 9권이라고 기록되어 있으나, 현재 남아 있는 송본에는 총 13편만이 전해집니다. 1972년 산둥성에 있는 전한시대 묘에서 죽간으로 된 『손자병법』 13편이 출토되었는데 기본적으로 송본과 같습니다.

손자병법은 전쟁에서 패배하지 않는 방법을 알려주는 책입니다. 우세한 병력, 세의 형성, 민첩한 기동작전, 지형의 이용, 병사를 다루는 법 등의 다양한 원칙들은 전 세계의 명장들에게 사랑받았습니다. 조조는 손자병법의 요점을 엮어 『맹덕신서』를 편찬하기도 하였습니다. 이순신 장군도 손자병법을 애독하였으며, 나폴레옹 역시 이 책을 애독하였다고 전해집니다. 미 육군사관학교를 비롯하여 세계 각국의 군대에서 교과서로 삼을 만큼 그 가치와 의미를 인정받고 있는 손자병법은 국경과 시대를 초월하여 지혜를 전하는 고전 중의 고전입니다.

오늘날 손자병법은 전쟁에 관련된 군사전략 분야에서뿐만 아니라 인간관계와 심리를 다루는 비즈니스 분야에서도 그 중요성을 인정받습니다. 세계를 움직이는 많은 비즈니스 리더들은 손자병법이 전략과 정보와 사람을 다루는 기술에 관하여 깊은 통찰을 주고 비즈니스 전략에 구체적인 도움을 주기 때문에 머리맡에 두고 틈만 나면 펼쳐보는 책이라고 말합니다.

다양한 고전 쓰기 책을 출간해 온 시사정보연구원은 독자 여러분이 손자병법의 원문을 읽고 쓰면서 행간의 의미를 스스로 찾아볼 수 있도록 펜글씨 쓰기 책으로 구성하였습니다. 『손자병법 펜글씨 쓰기』는 원문과 한글 해석을 간결하게 담고 있어 손자병법 본래의 의미를 쉽게 파악할 수 있고, 한글 해석만 읽어도 내용이 한눈에 들어올 수 있도록 편집하여 손자병법의 정수를 충분히 맛볼 수 있습니다. 한글 해석 없이 학습할 수 있도록 시사정보연구원이 출간한 『손자병법 따라쓰기』와 함께 공부하면 독자 여러분이 손자병법을 더 세밀하게 이해할 수 있을 것입니다.

손자병법은 다른 고전에 비해 분량이 적기 때문에 한자 원문을 한 자 한 자 쓰면서 독자 스스로 그 의미를 탐구하는 것도 좋은 방법입니다. 시사정보연구원과 시사패스가 출간한 『손자병법 펜글씨 쓰기』와 『손자병법 따라쓰기』 책이 독자 여러분의 손자병법 탐구에 큰 도움이 될 수 있을 것이라고 확신합니다. 스스로를 보전하며 완전한 승리를 거둔다는 자보이전승(自保而全勝)의 원리와 이길수록 더 강해지는 승적이익강(勝敵而益强)의 원리를 담고 있는 손자병법의 깊은 철학을 손으로 쓰고 마음에 새기면서 온전히 독자 여러분의 것으로 만들 수 있기를 기대합니다.


## 知彼知己 百戰不殆
상대를 알고 나를 알면 백 번 싸워도 위태롭지 않다.


## 不戰而屈人之兵 善之善者也
싸우지 않고 적의 용병을 굴복시키는 것이 최선 중의 최선이다.

## ★ 한자 쓰기의 기본 원칙

1. 위에서 아래로 쓴다.
   言(말씀 언) → ˘ ˘ ˘ 言 言 言 言
   雲(구름 운) → ˘ ˘ ˘ 雨 雨 雨 雨 雲 雲 雲

2. 왼쪽에서 오른쪽으로 쓴다.
   江(강 강) → ` ` ` 氵 汀 江 江
   例(법식 예) → ノ イ イ 仃 仍 例 例 例

3. 가로획과 세로획이 겹칠 때는 가로획을 먼저 쓴다.
   用(쓸 용) → ノ 刀 月 月 用
   共(함께 공) → 一 十 卄 井 共 共

4. 삐침과 파임이 만날 때는 삐침을 먼저 쓴다.
   人(사람 인) → ノ 人
   文(글월 문) → ` 一 ナ 文

5. 좌우가 대칭될 때에는 가운데를 먼저 쓴다.
   小(작을 소) → ノ 小 小
   承(받들 승) → ˘ 了 了 手 手 承 承 承

6. 둘러 싼 모양으로 된 자는 바깥쪽을 먼저 쓴다.
   同(같을 동) → ノ 冂 冃 同 同 同
   病(병날 병) → ` 一 广 广 广 疒 疒 病 病 病

7. 글자를 가로지르는 가로획은 나중에 긋는다.
   女(계집 녀) → く 女 女
   母(어미 모) → く 攴 攴 毋 母

8. 글자 전체를 꿰뚫는 세로획은 나중에 쓴다.
   車(수레 거) → 一 ㄇ 百 百 百 亘 車
   事(일 사) → 一 ㄇ 百 百 亐 写 昌 事

9. 책받침(辶, 廴)은 나중에 쓴다
   近(원근 근)→ ´ ㄏ ㄏ 斤 斤 近 近
   建(세울 건)→ ㄱ ㄱ ㅋ ㅋ ㅋ 聿 津 建 建

10. 오른쪽 위에 점이 있는 글자는 그 점을 나중에 찍는다.
   犬(개 견)→ 一 ナ 大 犬
   成(이룰 성)→ ノ 厂 厂 厉 成 成 成

■ 한자의 기본 점(點)과 획(劃)
   (1) 점
      ① 「丶」: 왼점          ② 「丶」: 오른점
      ③ 「丷」: 오른 치킴      ④ 「丿」: 오른점 삐침
   (2) 직선
      ⑤ 「一」: 가로긋기       ⑥ 「丨」: 내리긋기
      ⑦ 「一」: 평갈고리       ⑧ 「亅」: 왼 갈고리
      ⑨ 「ㄴ」: 오른 갈고리
   (3) 곡선
      ⑩ 「丿」: 삐침           ⑪ 「丿」: 치킴
      ⑫ 「丶」: 파임           ⑬ 「辶」: 받침
      ⑭ 「亅」: 굽은 갈고리    ⑮ 「乀」: 지게다리
      ⑯ 「乀」: 누운 지게다리  ⑰ 「乚」: 새가슴

# 第Ⅰ 始計篇

孫子曰 兵者 國之大事 死生之地 存亡之道
손 자 왈 병 자 국 지 대 사 사 생 지 지 존 망 지 도
不可不察也
불 가 불 찰 야

손자가 말하였다. 용병은 국가의 중대한 일로 삶과 죽음의 문제이며 존립과 패망의
길이니 세심히 살피지 않을 수 없다.

故經之以五 校之以計 而索其情 一曰道 二
고 경 지 이 오 교 지 이 계 이 색 기 정 일 왈 도 이
曰天 三曰地 四曰將 五曰法
왈 천 삼 왈 지 사 왈 장 오 왈 법

그러므로 다섯 가지 사항으로 헤아리고 계책으로써 이를 비교하여 실상(실정)을 탐
색한다. 첫째는 도이고, 둘째는 하늘이며, 셋째는 땅이고, 넷째는 장수이며, 다섯째
는 법이다.

道者 令民與上同意也 故可與之死 可與之
도 자 영 민 여 상 동 의 야 고 가 여 지 사 가 여 지

生 而民不畏危也
생 이 민 불 외 위 야

도란 백성들로 하여 위(군주)와 뜻을 같이 하게 하는 것이다. 그러면 함께 죽고 함께
살며 위험(위기)도 두려워하지 않는다.

天者 陰陽 寒暑 時制也 地者 遠近 險易 廣
천 자 음 양 한 서 시 제 야 지 자 원 근 험 이 광

狹 死生也
협 사 생 야

천(하늘)이란 어둠과 밝음, 추위와 더위, 계절의 변화이다. 지(땅)란 멀고 가까움, 험
하고 평탄함, 넓고 협소함, 죽음과 삶이다.

將者 智 信 仁 勇 嚴也 法者 曲制 官道 主
장자 지 신 인 용 엄야 법자 곡제 관도 주
用也
용야

장이란 지혜, 신뢰, 인의, 용기, 엄격이다. 법이란 곡제(행정과 군사제도) 관도(인사와 수송) 주용(군수품과 재정)이다.

將者 智 信 仁 勇 嚴也 法者 曲制 官道 主
用也

凡此五者 將莫不聞 知之者勝 不知者不勝
범차오자 장막불문 지지자승 부지자불승

무릇 이 다섯 가지는 장수라면 듣지 않았을 리 없겠지만 이를 아는 자는 승리하고 알지 못하는 자는 승리하지 못한다.

凡此五者 將莫不聞 知之者勝 不知者不勝

故校之以計 而索其情 曰 主孰有道 將孰有
고교지이계 이색기정 왈 주숙유도 장숙유
能 天地孰得 法令孰行 兵衆孰强 士卒孰鍊
능 천지숙득 법령숙행 병중숙강 사졸숙련
賞罰孰明 吾以此知勝負矣
상벌숙명 오이차지승부의

그러므로 계산으로 비교하여 그 실상(실정)을 살펴야 한다. 말하자면 군주는 누가 도가 있는가, 장수는 누가 유능한가, 천지는 누가 얻었는가, 법령은 누가 행하는가, 병력은 누가 강한가, 장교와 병사는 누가 훈련이 되어 있는가, 상과 벌은 누가 분명한가이다. 나는 이것으로 승패를 안다.

故校之以計 而索其情 曰 主孰有道 將孰有
能 天地孰得 法令孰行 兵衆孰強 士卒孰練
賞罰孰明 吾以此知勝負矣

**將聽吾計 用之必勝 留之 將不聽吾計 用之**
장 청 오 계 용 지 필 승 유 지 장 불 청 오 계 용 지
**必敗 去之**
필 패 거 지

만약 나의 계책을 듣고 이를 쓰면 반드시 승리하니 머물고 만약 나의 계책을 듣지 않고 이를 쓰지 않으면 반드시 패하니 떠난다. (장수가 나의 계책을 듣고 사용하면 반드시 승리하니 그를 임용하고 장수가 나의 계책에 따르지 않고 군사를 사용하면 반드시 패하니 그를 떠나보낸다.)

＊ 장(將)을 장차, 만약의 의미로 볼 것인지 아니면 장수의 의미로 볼 것인지에 따라 해석이 달라진다.

將聽吾計 用之必勝 留之 將不聽吾計 用之
必敗 去之

**計利以聽 乃爲之勢 以佐其外 勢者 因利而**
계 리 이 청 내 위 지 세 이 좌 기 외 세 자 인 리 이
**制權也**
제 권 야

이로움이 있다고 판단하면 이를 따르고 또한 이에 더하여 세를 이룸으로써 그 이로움을 더욱 크게 한다. 세란 이로움을 바탕으로 권(임기응변)을 만드는 것이다.

計利以聽 乃爲之勢 以佐其外 勢者 因利而
制權也

兵者 詭道也 故能而示之不能 用而示之不
병 자 궤 도 야 고 능 이 시 지 불 능 용 이 시 지 불

用 近而示之遠 遠而示之近
용 근 이 시 지 원 원 이 시 지 근

용병이란 궤도(속임수)이다. 그러므로 할 수 있지만 할 수 없는 것처럼 보이게 하고 사용하고 있지만 사용하지 않는 것처럼 보이게 하며 가까이 있지만 멀리 있는 것처럼 보이게 하고 멀리 있지만 가까이 있는 것처럼 보이게 하는 것이다.

利而誘之 亂而取之 實而備之 强而避之 怒
이 이 유 지 난 이 취 지 실 이 비 지 강 이 피 지 노

而撓之 卑而驕之
이 요 지 비 이 교 지

이로움으로 유인하고 혼란할 때 취득하고 상대가 충실하면 방비하고 강하면 피하고 상대가 분노하면 부추기고 얕보이게 하여 교만하게 한다.

佚而勞之 親而離之 攻其無備 出其不意 此
일 이 노 지 친 이 리 지 공 기 무 비 출 기 불 의 차
兵家之勝 不可先傳也
병 가 지 승 불 가 선 전 야

편안하면 수고롭게 하고 친밀하면 이간하여 분리시킨다. 준비가 안 된 곳을 공격하고 예상하지 않은 곳으로 공격한다. 이것이 병가의 승리이니 (승리의 비결을) 미리 전해 줄 수 없다.

* 병가(兵家): 용병(兵) 전문가, 중국 제자백가 가운데 용병(兵)을 논하던 학파.

夫未戰而廟算勝者 得算多也 未戰而廟算不
부 미 전 이 묘 산 승 자 득 산 다 야 미 전 이 묘 산 불
勝者 得算少也
승 자 득 산 소 야

무릇 전쟁 전에 묘산(조정에서 미리 계산)하여 승리하면 승산(이길 확률)이 높다. 전쟁 전에 조정에서 계산하여 승리할 수 없으면 승산이 낮다.

15

多算勝 少算不勝 而況於無算乎 吾以此觀
다 산 승　소 산 불 승　이 황 어 무 산 호　오 이 차 관

之 勝負見矣
지　승 부 견 의

승산이 높으면 이기고 승산이 낮으면 승리할 수 없는데 하물며 만약 승산이 없다면
어찌하겠는가. 나는 이런 관점에서 승부를 알 수 있다.

多算勝 少算不勝 而況於無算乎 吾以此觀
之 勝負見矣

## 第二 作戰篇

孫子曰 凡用兵之法 馳車千駟 革車千乘 帶
손 자 왈　범 용 병 지 법　치 차 천 사　혁 차 천 승　대

甲十萬 千里饋糧 則內外之費 賓客之用 膠
갑 십 만　천 리 궤 량　즉 내 외 지 비　빈 객 지 용　교

漆之材 車甲之奉 日費千金 然後十萬之師
칠 지 재　차 갑 지 봉　일 비 천 금　연 후 십 만 지 사

舉矣
거　의

손자가 말하였다. 무릇 용병의 법은 전차 천 대, 보급용 수레 천 대, 무장한 병사 십
만, 천 리의 식량수송, 즉 안과 밖으로 소비되는 비용과 빈객(손님과 외국사절)이 사
용하는 것, 교칠의 재료(아교와 옻칠), 전차나 갑옷 등 하루에 천금의 비용이 든다. 그
러한 후에 십만의 군대를 일으킬 수 있다.

其用戰也 勝久則屯兵挫銳 攻城則力屈 久
기 용 전 야 승 구 즉 둔 병 좌 예 공 성 즉 력 굴 구

暴師則國用不足
폭 사 즉 국 용 부 족

전쟁을 할 때 승리하더라도 오래 끌면 용병을 무디게 만들고 날카로움을 꺾는다. 성을 공격하면 힘(전투력)이 약해지고 오랫동안 군대를 부리면 국가의 재정이 부족해진다.

夫鈍兵挫銳 屈力殫貨 則諸侯乘其弊而起
부 둔 병 좌 예 굴 력 탄 화 즉 제 후 승 기 폐 이 기

雖有智者 不能善其後矣
수 유 지 자 불 능 선 기 후 의

무릇 용병을 무디게 하고 날카로움을 꺾고 힘을 소진하고 재정을 바닥내면 제후가 그 폐단을 틈타 일어난다. 비록 지혜로운 자가 있더라도 그 후를 수습할 수 없다.

故兵聞拙速 未睹巧之久也 夫兵久而國利者
고 병 문 졸 속　미 도 교 지 구 야　부 병 구 이 국 리 자

未之有也
미 지 유 야

그러므로 용병에서 졸속은 들어도 교묘히 오래 끌어야 한다는 말은 듣지 못했다. 무릇 용병을 오래 끌어 국가에 이로운 예는 없었다.

故不盡知用兵之害者 則不能盡知用兵之利
고 부 진 지 용 병 지 해 자　즉 불 능 진 지 용 병 지 리

也 善用兵者 役不再籍 糧不三載 取用於國
야　선 용 병 자　역 부 재 적　양 불 삼 재　취 용 어 국

因糧於敵 故軍食可足也
인 량 어 적　고 군 식 가 족 야

그러므로 용병의 해로움을 다 알지 못하면 용병의 이로움도 다 알 수 없다. 용병을 잘 아는 자는 재차 징집하지 않고 양식을 세 번 싣지 않는다. 자국의 재정을 사용하고 적에게서 식량을 빼앗아 사용한다. 그러므로 군대의 식량이 넉넉하다.

國之貧於師者遠輸 遠輸則百姓貧 近於師者
국 지 빈 어 사 자 원 수 원 수 즉 백 성 빈 근 어 사 자

貴賣 貴賣則百姓財竭 財竭則急於丘役
귀 매 귀 매 즉 백 성 재 갈 재 갈 즉 급 어 구 역

국가가 군사로 인해 가난하게 되는 것은 멀리 수송하는 데 있다. 멀리 수송하면 백성은 가난해지고 군사가 주둔한 근처의 물건은 귀하게 팔린다. 귀하게 팔리면 백성들의 재산이 바닥난다. 백성들의 재산이 바닥나면 구역(노동력 동원)에 급급해진다.

力屈財殫 中原内虛於家 百姓之費 十去其
역 굴 재 탄 중 원 내 허 어 가 백 성 지 비 십 거 기

七 公家之費 破車罷馬 甲冑矢弩 戟楯矛櫓
칠 공 가 지 비 파 차 피 마 갑 주 시 노 극 순 모 로

丘牛大車 十去其六
구 우 대 차 십 거 기 륙

힘이 소진되고 재정이 파탄나면 중원 내의 민가들이 가난해지고 백성의 재산은 칠할이 사라진다. 공가(국가와 귀족)의 재산은 부서진 전차와 병든 말, 갑옷, 투구, 활과 화살, 창과 방패, 수송에 쓰이는 소와 큰 수레를 유지하는 데 드는 비용으로 육 할이 사라진다.

故智將務食於敵 食敵一鍾 當吾二十鍾 萁
고 지 장 무 식 어 적 식 적 일 종 당 오 이 십 종 기

秆一石 當吾二十石
간 일 석 당 오 이 십 석

그러므로 지혜로운 장수는 적에게서 식량을 구하는 데 힘쓴다. 적군의 식량 한 종을 먹는 것은 아군의 식량 이십 종을 먹는 것에 해당하며 적의 말먹이 한 석은 아군이 마련한 이십 석에 해당한다.

故殺敵者 怒也 取敵之利者 貨也 故車戰 得
고 살 적 자 노 야 취 적 지 리 자 화 야 고 차 전 득

車十乘已上 賞其先得者
차 십 승 이 상 상 기 선 득 자

그러므로 적을 살해하는 것은 노여움이다. 적의 이로움을 취하는 것은 재물이다. 그러므로 전차전에서 십 승 이상의 전차를 얻으면 먼저 얻은 자에게 상을 주어야 한다.

而更其旌旗 車雜而乘之 卒善而養之 是謂
이 갱 기 정 기  차 잡 이 승 지  졸 선 이 양 지  시 위

勝敵而益强
승 적 이 익 강

이로 말미암아 적의 깃발을 바꾸고 전차는 섞어서 타며 포로도 선도하고 훈련시켜
병사로 만든다. 이것을 적을 이길수록 점점 더 강해지는 것이라 한다.

故兵貴勝 不貴久 故知兵之將 民之司命 國
고 병 귀 승  불 귀 구  고 지 병 지 장  민 지 사 명  국

家安危之主也
가 안 위 지 주 야

용병은 승리가 중요하지 오래 끄는 것이 중요한 것이 아니다. 그러므로 용병을 아는
장수는 백성의 생명을 책임지고 국가의 안위를 책임지는 사람이다.

# 第三 謀攻篇

孫子曰 凡用兵之法 全國爲上 破國次之 全
손 자 왈　범 용 병 지 법　전 국 위 상　파 국 차 지　전
軍爲上 破軍次之
군 위 상　파 군 차 지

손자가 말하였다. 무릇 용병의 법은 나라(적국)를 보존한 채 이기는 것이 최상이고
나라(적국)를 격파하여 이기는 것은 차선이다. 군대(적군)를 보존한 채 이기는 것은
최상이고 군대(적군)를 격파하여 이기는 것은 차선이다.

孫子曰 凡用兵之法 全國爲上 破國次之 全
軍爲上 破軍次之

全旅爲上 破旅次之 全卒爲上 破卒次之 全
전 려 위 상　파 려 차 지　전 졸 위 상　파 졸 차 지　전
伍爲上 破伍次之
오 위 상　파 오 차 지

(적의) 여를 보존한 채 이기는 것이 최상이고 (적의) 여를 깨뜨리는 것은 차선이다.
(적의) 졸을 보존한 채 이기는 것이 상책이고 (적의) 졸을 깨뜨리는 것은 차선이다.
(적의) 오를 보존한 채 이기는 것이 상책이고 (적의) 오를 깨뜨리는 것은 차선이다.

＊ 여(旅)는 군사 500명, 졸(卒)은 군사 100명, 오(伍)는 군사 5명의 부대이다.

全旅爲上 破旅次之 全卒爲上 破卒次之 全
伍爲上 破伍次之

是故百戰百勝 非善之善者也 不戰而屈人之
시 고 백 전 백 승 비 선 지 선 자 야 부 전 이 굴 인 지
兵 善之善者也
병 선 지 선 자 야

그러므로 백 번 싸워 백 번 이기는 것은 최선 중의 최선이 아니다. 싸우지 않고 적의
용병을 굴복시키는 것이 최선 중의 최선이다.

＊ 屈은 굽히다, 움츠리다, 굴복시키다, 억누르다의 뜻이다.

故上兵 伐謀 其次 伐交 其次 伐兵 其下攻城
고 상 병 벌 모 기 차 벌 교 기 차 벌 병 기 하 공 성

그러므로 최상의 용병은 적의 모략을 치는 것이고 차선은 적의 외교를 치는 것이며
그다음 차선은 적의 군대를 치는 것이고 최하의 방법은 적의 성을 공격하는 것이다.

攻城之法 爲不得已 修櫓轒輼 具器械 三月
공 성 지 법 위 부 득 이 수 로 분 온 구 기 계 삼 월
而後成 距闉 又三月而後已
이 후 성 거 인 우 삼 월 이 후 이

성을 공격하는 법은 부득이한 경우에 실행한다. 노와 분온(큰 방패와 사다리차)을 만
들고 장비 등을 구비하는 데 삼 개월이 걸리고 거인(토산)을 쌓는 데도 삼 개월이 걸
린다.

將不勝其忿 而蟻附之 殺士卒三分之一 而
장불승기분 이의부지 살사졸삼분지일 이
城不拔者 此攻之災也
성불발자 차공지재야

장수가 분노를 이기지 못하고 (병사들에게) 성벽을 기어오르게 하여 병사 삼분의 일을 죽이고도 성을 빼앗지 못하는 것은 공격의 재앙이다.

故善用兵者 屈人之兵而非戰也 拔人之城而
고선용병자 굴인지병이비전야 발인지성이
非攻也
비공야

그러므로 용병을 잘하는 자는 전쟁을 하지 않고 적의 용병을 굴복시키고 적의 성을 공격하지 않고 빼앗는다.

毀人之國而非久也 必以全爭於天下 故兵不
훼인지국이비구야 필이전쟁어천하 고병부
頓而利可全 此謀攻之法也
둔이이가전 차모공지법야

적국을 붕괴시킬 때 오래 끌지 않으며 반드시 온전하게 보존하면서 천하를 다툰다. 그러므로 용병이 무디어지지(손상되지) 않은 완전한 승리를 한다. 이것이 모략으로 적을 공격하는 법이다.

故用兵之法 十則圍之 五則攻之 倍則分之
고 용 병 지 법 십 즉 위 지 오 즉 공 지 배 즉 분 지

敵則能戰之 少則能逃之 不若則能避之 故
적 즉 능 전 지 소 즉 능 도 지 불 약 즉 능 피 지 고

小敵之堅 大敵之擒也
소 적 지 견 대 적 지 금 야

그러므로 용병의 법은 (아군이 적보다) 열 배이면 포위하고, 다섯 배이면 공격하고, 두 배이면 병력을 나누어서 공격하고, 적과 대등하면 싸울 수 있고, 적으면 달아나고, 그렇게도 못하면 피한다. 그러므로 소수의 군사가 버티면 다수의 군사가 (소수의 군사를) 사로잡는다.

* 敵의 의미는 적, 원수 등의 뜻으로 주로 쓰이지만 시사정보연구원은 이 문장에서 적을 상대하다의 뜻으로 파악하였다.

夫將者 國之輔也 輔周則國必强 輔隙則國
부 장 자 국 지 보 야 보 주 즉 국 필 강 보 극 즉 국

必弱
필 약

무릇 장수는 나라를 보필하는 자이다. 보필이 넓게 미치면 국가는 필히 강해지고 보필에 틈이 생기면 국가는 필히 약해진다.

故君之所以患於軍者三 不知軍之不可以進
고군지소이환어군자삼 부지군지불가이진

而謂之進 不知軍之不可以退而謂之退 是
이위지진 부지군지불가이퇴이위지퇴 시

爲縻軍
위미군

그러므로 군주가 군대에 우환(근심)을 주는 세 가지가 있다. 군대가 진격하면 안 되는 상황임을 알지 못하고 진격을 명령하는 것과 군대가 후퇴해서는 안 되는 상황임을 알지 못하고 후퇴를 명령하는 것을 미군(속박된 군대)이라 한다.

不知三軍之事 而同三軍之政 則軍士惑矣
부지삼군지사 이동삼군지정 즉군사혹의

不知三軍之權 而同三軍之任 則軍士疑矣
부지삼군지권 이동삼군지임 즉군사의의

군주가 삼군의 일을 알지 못하고 삼군의 행정을 함께 하면(간섭하면) 군사가 의혹을 가진다. 군주가 삼군의 권(임기응변)을 알지 못하고 군대의 임무를 함께 하면(간섭하면) 군사들이 헷갈려 한다.

三軍既惑且疑 則諸侯之難至矣 是謂亂軍
삼군기혹차의 즉제후지난지의 시위난군

引勝
인승

삼군이 이미 의혹을 가지고 의심하면 제후가 어지럽게 한다(제후의 난이 생긴다). 이를 난군(혼란한 군대)으로 승리를 이끌어 내려는 것이라 한다.

故知勝有五 知可以戰 與不可以戰者勝 識
고 지 승 유 오   지 가 이 전   여 불 가 이 전 자 승   식
衆寡之用者勝
중 과 지 용 자 승

그러므로 승리를 아는 방법에는 다섯 가지가 있다. 싸울 수 있는지(상대인지) 더불어 싸울 수 없는지(상대인지) 알면 승리한다. 병력이 많고 적음의 용병을 알면 승리한다.

上下同欲者勝 以虞待不虞者勝 將能而君
상 하 동 욕 자 승   이 우 대 불 우 자 승   장 능 이 군
不御者勝 此五者 知勝之道也
불 어 자 승   차 오 자   지 승 지 도 야

상하가 같은 마음을 가지면 승리한다. 준비하여 준비하지 못한 상대를 기다리면 승리한다. 장수의 능력이 뛰어나고 군주가 통제하지 않으면 승리한다. 이 다섯 가지가 승리를 아는 방법이다.

27

故曰 知彼知己 百戰不殆 不知彼而知己 一
고왈 지피지기 백전불태 부지피이지기 일
勝一負 不知彼不之己 每戰必殆
승일부 부지피부지기 매전필태

그러므로 말하였다. 상대를 알고 나를 알면 백 번 싸워도 위태롭지 않고 상대를 모르
고 나를 알면 한 번은 이기고 한 번은 지며 상대도 모르고 나도 모르면 싸울 때마다
위태롭다.

故曰 知彼知己 百戰不殆 不知彼而知己 一
勝一負 不知彼不之己 每戰必殆

# 第四 軍形篇

孫子曰 昔之善戰者 先爲不可勝 以待敵之
손자왈 석지선전자 선위불가승 이대적지
可勝 不可勝在己 可勝在敵
가승 불가승재기 가승재적

손자가 말하였다. 옛날부터 전쟁을 잘하는 자는 먼저 (적이) 승리할 수 없도록 만들
고 적을 기다려 승리한다. (적이) 승리하지 못하는 것은 나에게 달렸고 (아군이) 승리
하는 것은 적에게 달렸다.

故善戰者 能爲不可勝 不能使敵之必可勝
고 선 전 자 능 위 불 가 승 불 능 사 적 지 필 가 승

그러므로 전쟁을 잘하는 자는 (적이) 승리하지 못하게 만들 수는 있지만 적으로 하여
금 필히 (아군이) 승리할 수 있도록 만들기는 어렵다.

故曰 勝可知 而不可爲 不可勝者 守也 可
고 왈 승 가 지 이 불 가 위 불 가 승 자 수 야 가

勝者 攻也 守則不足 攻則有餘
승 자 공 야 수 즉 부 족 공 즉 유 여

그러므로 말한다. 승리는 알 수 있지만 만들 수는 없다. 이길 수 없는 자는 지키고 이
길 수 있는 자는 공격한다. 지키는 것은 부족할 때 하고 공격은 넉넉할 때 한다.

善守者 藏於九地之下 善攻者 動於九天之
선 수 자 장 어 구 지 지 하 선 공 자 동 어 구 천 지

上 故能自保而全勝也
상 고 능 자 보 이 전 승 야

잘 지키는 자는 구지(다양한 지형) 아래 숨고 공격을 잘하는 자는 구천(높은 하늘)에
서 움직인다. 그러므로 능히 스스로 보전하며 완전한 승리를 거둔다.

見勝不過衆人之所知 非善之善者也 戰勝
견 승 불 과 중 인 지 소 지 비 선 지 선 자 야 전 승
而天下曰善 非善之善者也
이 천 하 왈 선 비 선 지 선 자 야

승리를 아는 것이 일반 사람이 아는 정도에 불과하면 최선 중의 최선이 아니다. 전쟁에서 승리한 것을 천하가 잘했다고 하는 것은 최선 중의 최선이 아니다.

故擧秋毫不爲多力 見日月不爲明目 聞雷
고 거 추 호 불 위 다 력 견 일 월 불 위 명 목 문 뢰
霆不爲聰耳
정 불 위 총 이

그러므로 가벼운 깃털을 드는 데 많은 힘이 필요하지 않고 해와 달을 보는 데 밝은 눈이 필요하지 않고 벼락과 천둥을 듣는 데 밝은 귀가 필요하지 않다.

古之所謂善戰者 勝於易勝者也 故善戰者
고 지 소 위 선 전 자 승 어 이 승 자 야 고 선 전 자
之勝也 無智名 無勇功 故其戰勝不忒
지 승 야 무 지 명 무 용 공 고 기 전 승 불 특

옛날부터 전쟁을 잘하는 자는 승리하기 쉬운 승리(승리할 수밖에 없는 승리)를 거둔 자이다. 그러므로 전쟁을 잘하는 자의 승리에는 지혜롭다는 명성도 없고 용맹하다는 공로도 없다. 그러므로 그 전쟁에서의 승리는 어긋남이 없다.

不忒者 其所措勝 勝已敗者也 故善戰者 立
불 특 자   기 소 조 승   승 이 패 자 야   고 선 전 자   입

於不敗之地 而不失敵之敗也
어 불 패 지 지   이 불 실 적 지 패 야

어긋남이 없다는 것은 승리를(승리할 여건을) 조치하여 이미 패배한(패배할 수밖에 없는) 적에게 승리하는 것이다. 그러므로 전쟁을 잘하는 자는 패배하지 않는 땅(위치)에서 적의 패배를(적을 패배시킬 수 있는 기회를) 놓치지 않는다.

是故 勝兵 先勝而後求戰 敗兵 先戰而後求
시 고   승 병   선 승 이 후 구 전   패 병   선 전 이 후 구

勝 善用兵者 修道而保法 故能爲勝敗之政
승   선 용 병 자   수 도 이 보 법   고 능 위 승 패 지 정

그러므로 승리하는 용병은 먼저 승리를 한 후에 전쟁을 구하고 패배하는 용병은 먼저 전쟁을 한 후에 승리를 구한다. 용병을 잘하는 자는 도를 수양하고 법을 보호한다. 그러므로 능히 승패의 정치를 할수 있다.

兵法 一曰度 二曰量 三曰數 四曰稱 五曰
병법 일왈도 이왈량 삼왈수 사왈칭 오왈

勝 地生度 度生量 量生數 數生稱 稱生勝
승 지생도 도생량 양생수 수생칭 칭생승

병법은 첫째 도(길이), 둘째 양, 셋째 수, 넷째 칭(저울질), 다섯째 승이다. 땅은 도를 낳고, 도는 양을 낳고, 양은 수를 낳고, 수는 칭을 낳고, 칭은 승리를 낳는다.

故勝兵若以鎰稱銖 敗兵若以銖稱鎰 勝者
고 승병약이일칭수 패병약이수칭일 승자

之戰民也 若決積水於千仞之溪者 形也
지 전민야 약결적수어천인지계자 형야

그러므로 승리하는 용병은 마치 무거운 것으로 가벼운 것을 상대하는 것과 같고 패배하는 용병은 가벼운 것으로 무거운 것을 상대하는 것과 같다. 승자가 병사들을 싸우게 하는 방법은 마치 천 길 높이의 계곡에 가두어 둔 물을 터놓는 것과 같으니 이것이 형(군형)이다.

第五 兵勢篇

孫子曰 凡治衆如治寡 分數是也 鬪衆如鬪
손 자 왈 범 치 중 여 치 과 분 수 시 야 투 중 여 루

寡 形名是也
과 형 명 시 야

손자가 말하였다. 무릇 무리(많은 병력)를 다스리는 것을 소수(적은 병력)를 다스리는
것처럼 하는 것이 분수(편대 방법)이다. 무리(많은 병력)를 싸우게 하는 것을 소수(적
은 병력)를 싸우게 하는 것처럼 하는 것이 형과 명(깃발과 호령)이다.

三軍之衆 可使必受敵而無敗者 寄正是也
삼 군 지 중 가 사 필 수 적 이 무 패 자 기 정 시 야

삼군의 무리(많은 병력)가 적을 맞아 패하지 않는 것이 기와 정(변칙과 원칙)이다.

兵之所加 如以碫投卵者 虛實是也
병 지 소 가 여 이 하 투 란 자 허 실 시 야

용병을 더하는 것을(병력을 더 투입하는 것을) 마치 숫돌로 달걀을 치는 것처럼 하는
것이 허와 실이다.

凡戰者 以正合 以奇勝 故善出奇者 無窮如
범 전 자　이 정 합　이 기 승　고 선 출 기 자　무 궁 여

天地 不竭如江河
천 지　불 갈 여 강 하

무릇 전쟁은 정(원칙)으로 맞서고 기(변칙)로 이긴다. 그러므로 기를 잘 쓰는 자는 천
지와 같이 다함이 없고 강과 바다처럼 마르는 법이 없다.

凡戰者 以正合 以奇勝 故善出奇者 無窮如
天地 不竭如江河

---

終而復始 日月是也 死而復生 四時是也
종 이 부 시　일 월 시 야　사 이 부 생　사 시 시 야

끝났지만 다시 시작하는 것이 해와 달이다. 죽었지만 다시 생동하는 것이 사계절의
변화이다.

終而復始 日月是也 死而復生 四時是也

---

聲不過五 五聲之變 不可勝聽也 色不過五
성 불 과 오　오 성 지 변　불 가 승 청 야　색 불 과 오

五色之變 不可勝觀也
오 색 지 변　불 가 승 관 야

소리는 다섯 가지에 불과하지만 다섯 가지 소리의 변화는 다 들을 수 없다. 색은 다
섯 가지에 불과하지만 다섯 가지 색의 변화는 다 볼 수가 없다.

味不過五 五味之變 不可勝嘗也 戰勢不過
미 불 과 오  오 미 지 변  불 가 승 상 야  전 세 불 과
奇正 奇正之變 不可勝窮也
기 정  기 정 지 변  불 가 승 궁 야

맛은 다섯 가지에 불과하지만 다섯 가지 맛의 변화는 다 맛볼 수가 없다. 전쟁의 형세는 기와 정 두 가지에 불과하지만 기정의 변화는 다 알 수가 없다.

奇正相生 如循環之無端 孰能窮之哉
기 정 상 생  여 순 환 지 무 단  숙 능 궁 지 재

기와 정의 상생은(기가 정이 되고 정이 기가 되는 기정의 변화는) 마치 순환이 끝이 없는 것과 같으니 누가 능히 알겠는가.

激水之疾 至於漂石者 勢也 鷙鳥之疾 至於
격 수 지 질  지 어 표 석 자  세 야  지 조 지 질  지 어
毀折者 節也
훼 절 자  절 야

부딪쳐 흐르는 물의 빠름이 돌을 떠내려가게 하는 것이 세이다. 사나운 매의 빠름이 (먹이를) 부수고 꺾게 하는 것이 절(절도와 순발력)이다.

激水之疾 至於漂石者 勢也 鷙鳥之疾 至於
毀折者 節也

是故 善戰者 其勢險 其節短 勢如彍弩 節
시 고 선 전 자 기 세 험 기 절 단 세 여 확 노 절
如發機
여 발 기

그러므로 전쟁을 잘하는 자는 세가 험하고 절이 짧다. 세는 힘껏 잡아당긴 활과 같고
절은 발사된 화살과 같다.

紛紛紜紜 鬪亂而不可亂也 渾渾沌沌 形圓
분 분 운 운 투 란 이 불 가 란 야 혼 혼 돈 돈 형 원
而不可敗也
이 불 가 패 야

복잡하게 엉겨서 어지럽게 싸움이 진행되어 혼란스러워 보여도 혼란에 빠진 것이 아
니며 혼전이 이루어져 진형이 원형이 될 정도가 되어도 그 군을 패배시키지 못한다.

亂生於治 怯生於勇 弱生於强 治亂 數也
난 생 어 치 겁 생 어 용 약 생 어 강 치 란 수 야
勇怯 勢也 强弱 形也
용 겁 세 야 강 약 형 야

혼란은 질서에서 나오고 두려움은 용기에서 나오며 약함은 강함에서 나오는 것이다.
질서와 혼란은 수(조직)이고 용기와 두려움은 세이며 강함과 약함은 형이다.

故善動適者 形之 適必從之 予之 適必取之
고 선 동 적 자 형 지 적 필 종 지 여 지 적 필 취 지

以利動之 以卒待之
이 리 동 지 이 졸 대 지

그러므로 적을 잘 움직이는(선동하는) 자는 형을 만들어 (적이) 필히 그것을 따르게 한다. 이로움으로 적을 움직이고 병졸(부대)로 적을 기다린다.

故善戰者 求之於勢 不責於人 故能擇人而
고 선 전 자 구 지 어 세 불 책 어 인 고 능 택 인 이

任勢 任勢者 其戰人也 如轉木石
임 세 임 세 자 기 전 인 야 여 전 목 석

그러므로 전쟁을 잘하는 자는 승리를 세에서 구하고 사람을 탓하지 않는다. 그러므로 능히 사람을 택하여 세에 맡긴다. 세에 맡긴다는 것은 사람을 싸우게 하되 나무와 돌을 굴리는 것처럼 하는 것이다.

木石之性 安則靜 危則動 方則止 圓則行
목 석 지 성 안 즉 정 위 즉 동 방 즉 지 원 즉 행
故善戰人之勢 如轉圓石於千仞之山者 勢也
고 선 전 인 지 세 여 전 원 석 어 천 인 지 산 자 세 야

나무와 돌의 특성은 편안하면 정지하고 위험하면 움직이고 모가 나면 정지하고 둥글면 굴러간다. 그러므로 전쟁을 잘하는 자의 세는 둥근 돌을 천 길 높이의 산에서 굴러 내려가게 하는 것과 같으니 이것을 세라 한다.

木石之性 安則靜 危則動 方則止 圓則行
故善戰人之勢 如轉圓石於千仞之山者 勢也

# 第六 虛實篇

孫子曰 凡先處戰地而待敵者 佚 後處戰地
손 자 왈 범 선 처 전 지 이 대 적 자 일 후 처 전 지
而趨戰者 勞 故善戰者 致人而不致於人
이 추 전 자 노 고 선 전 자 치 인 이 불 치 어 인

손자가 말하였다. 무릇 전쟁터를 먼저 선점하여 적을 기다리는 군대는 편안하고 늦게 도착하여 전쟁을 급하게 하는 자는 수고롭다. 그러므로 전쟁을 잘하는 자는 적을 이끌되 이끌리지 않는다.

能使敵人自至者 利之也 能使敵人不得至者
능 사 적 인 자 지 자　이 지 야　능 사 적 인 부 득 지 자

害之也 故敵佚能勞之 飽能飢之 安能動之
해 지 야　고 적 일 능 노 지　포 능 기 지　안 능 동 지

능히 적으로 하여금 스스로 이르게 하는 것은 이로움을 보여주기 때문이다. 능히 적으로 하여금 이르지 못하게 하는 것은 해로움을 보여주기 때문이다. 그러므로 적이 쉬려고 하면 수고롭게 하고 배부르면 주리게 하고 편안하면 움직이게 한다.

出其所必趨 趨其所不意 行千里而不勞者
출 기 소 필 추　추 기 소 불 의　행 천 리 이 불 노 자

行於無人之地也
행 어 무 인 지 지 야

(적이) 달려 나올 만한 곳으로 나아가고 적이 예측하지 못한 곳으로 달려간다. 천 리를 행군해도 피로하지 않은 것은 적이 없는 곳으로 행군하기 때문이다.

攻而必取者 攻其所不守也 守而必固者 守
공 이 필 취 자　공 기 소 불 수 야　수 이 필 고 자　수

其所不攻也
기 소 불 공 야

공격하면 반드시 취하는 것은 (적이) 지킬 수 없는 곳을 공격하기 때문이고 지키면 견고하게 하는 것은 (적이) 공격할 수 없는 곳을 지키기 때문이다.

攻而必取者 攻其所不守也 守而必固者 守
其所不攻也

故善攻者 敵不知其所守 善守者 敵不知其
고 선 공 자 적 부 지 기 소 수 선 수 자 적 부 지 기

所攻
소 공

그러므로 공격을 잘하는 자는 적이 지켜야 할 곳을 알지 못하게 하고 잘 지키는 자는
적이 공격할 곳을 알지 못하게 한다.

故善攻者 敵不知其所守 善守者 敵不知其
所攻

微乎微乎 至於無形 神乎神乎 至於無聲 故
미 호 미 호 지 어 무 형 신 호 신 호 지 어 무 성 고

能爲敵之司命
능 위 적 지 사 명

미묘하고 미묘하여 (아무 형태가 없는) 무형의 경지에 이르고, 신묘하고 신묘하여 (아
무 소리도 들리지 않는) 무성의 경지에 이르는구나. 그러므로 능히 적의 운명(생사)을
마음대로 할 수 있게 된다.

微乎微乎 至於無形 神乎神乎 至於無聲 故
能爲敵之司命

進而不可禦者 衝其虛也 退而不可追者 速
진이불가어자 충기허야 퇴이불가추자 속

而不可及也
이불가급야

진격하는 데도 (적이) 방어할 수 없는 것은 (적의) 허를 찔러 공격하기 때문이다. 후퇴하는 데도 (적이) 추격할 수 없는 것은 속도가 빨라서 적이 미치지 못하기 때문이다.

故我欲戰 敵雖高壘深溝 不得不與我戰者
고 아 욕 전 적 수 고 루 심 구 부 득 불 여 아 전 자

攻其所必救也
공 기 소 필 구 야

그러므로 아군이 싸우고자 하면 적이 비록 보루를 높이고 해자(성 밖을 둘러싼 연못)를 깊게 파도 아군과 더불어 전투를 치를 수밖에 없는 것은 (적이) 필히 지키고자 하는 곳을 공격하기 때문이다.

我不欲戰 雖劃地而守之 敵不得與我戰者
아 불 욕 전 수 획 지 이 수 지 적 부 득 여 아 전 자

乖其所之也
괴 기 소 지 야

아군이 싸우지 않고자 하면 비록 아무 지형에나 선을 긋고 수비하더라도 적이 아군과 싸울 수 없는 것은 (아군이 적의) 행하는 바를 어긋나게 하기 때문이다.

故形人而我無形 則我專而敵分 我專爲一
고 형 인 이 아 무 형　 즉 아 전 이 적 분　 아 전 위 일

敵分爲十 是以十攻其一也
적 분 위 십　 시 이 십 공 기 일 야

그러므로 적은 드러나게 하고 아군은 보이지 않게 하니 아군은 하나이고 적은 분산
된다. 아군은 집중하여 하나가 되고 적은 분산되어 열이 되니 이것은 열로 하나를 공
격하는 것이다.

則我衆而敵寡 能以衆擊寡 則吾之所與戰者
즉 아 중 이 적 과　 능 이 중 격 과　 즉 오 지 소 여 전 자

約矣
약 의

즉, 아군은 병력이 많고 적은 병력이 적어지게 지게 된다. (아군의) 많은 병력으로 (적
의) 적은 병력을 공격할 수 있어 아군이 싸워야 할 적은 약하게 된다.

吾所與戰之地 不可知 則敵所備者多 敵所
오 소 여 전 지 지 　 불 가 지 　 즉 적 소 비 자 다 　 적 소

備者多 則吾之所戰者 寡矣
비 자 다 　 즉 오 지 소 전 자 　 과 의

아군이 공격할 장소를 (적이) 알지 못하면 적이 대비해야 할 곳이 많아진다. 적이 지
켜야 할 곳이 많아지면 아군은 싸울 곳이 적어진다.

故備前則後寡 備後則前寡 備左則右寡 備
고 비 전 즉 후 과 　 비 후 즉 전 과 　 비 좌 즉 우 과 　 비

右則左寡
우 즉 좌 과

그러므로 (적의 병력은) 앞쪽을 지키면 뒤쪽이 적어지고 뒤쪽을 지키면 앞쪽이 적어
진다. 왼쪽을 지키면 오른쪽이 적어지고 오른쪽을 지키면 왼쪽이 적어진다.

無所不備 則無所不寡 寡者 備人者也 衆者
무 소 불 비 　 즉 무 소 불 과 　 과 자 　 비 인 자 야 　 중 자

使人備己者也
사 인 비 기 자 야

지키지 않는 곳이 없으니 (적의 병력이) 부족하지 않는 곳이 없게 된다. (적의 병력이)
적은 이유는 아군을 수비해야 하기 때문이다. (아군의 병력이) 많은 이유는 적이 아
군을 대비하게 만들기 때문이다.

無所不備 則無所不寡 寡者 備人者也 衆者
故人備己者也

故知戰之地 知戰之日 則可千里而會戰 不知
고 지 전 지 지 지 전 지 일 즉 가 천 리 이 회 전 부 지

戰地 不知戰日 則左不能救右 右不能救左
전 지 부 지 전 일 즉 좌 불 능 구 우 우 불 능 구 좌

그러므로 싸울 곳을 알고 싸울 날을 알면 천리를 행군하여 싸울 수 있다. 싸울 곳과 싸울 날을 알지 못하면 왼쪽이 오른쪽을 구할 수 없고 오른쪽이 왼쪽을 구할 수 없다.

故知戰之地 知戰之日 則可千里而會戰 不知
戰地 不知戰日 則左不能救右 右不能救左

前不能救後 後不能救前 而況遠者數十里
전 불 능 구 후 후 불 능 구 전 이 황 원 자 수 십 리

近者數里乎
근 자 수 리 호

앞쪽이 뒤쪽을 구할 수 없고 뒤쪽이 앞쪽을 구할 수 없다. 하물며 적이 멀게는 수십 리, 가깝게는 수 리에 걸쳐 있는 경우에는 말해 무엇하겠는가.

前不能救後 後不能救前 而況遠者數十里
近者數里乎

以吾度之 越人之兵雖多 亦奚益於勝敗哉
이 오 도 지 월 인 지 병 수 다 역 해 익 어 승 패 재

故曰 勝可爲也 敵雖衆 可使無鬪
고 왈 승 가 위 야 적 수 중 가 사 무 투

내가 이것을 생각해 보면 월나라 군사의 수가 많다고 하나 어찌 전쟁의 승패를 결정 짓는 데 도움이 되겠는가. 그러므로 승리를 만들 수도 있고 적의 병력이 비록 많다고 는 하나 전투를 하지 못하게 만들 수도 있다고 말하는 것이다.

故策之而知得失之計 作之而知動靜之理 形
고 책 지 이 지 득 실 지 계 작 지 이 지 동 정 지 리 형

之而知死生之地 角之而知有餘不足之處
지 이 지 사 생 지 지 각 지 이 지 유 여 부 족 지 처

그러므로 계책을 세워 득과 실의 계산을 살피고 행동을 일으켜 (적의) 행동의 이치를 살피며 적의 진이 사지인지 생지인지를 살피고 공격을 해보아 어느 곳이 남음이 있 고 어느 곳이 부족한지를 살핀다.

故形兵之極 至於無形 無形則深間不能窺
고 형 병 지 극　지 어 무 형　무 형 즉 심 간 불 능 규
智者不能謀
지 자 불 능 모

그러므로 용병을 운영하는 최고의 상태는 (아무 형태도 없는) 무형의 경지에 이르는 것이다. 무형의 경지는 간첩이 깊게 침투해도 (아군의) 허실을 엿볼 수 없고 지혜로운 (적이라도) 모략을 세울 수 없다.

因形而錯勝於眾 眾不能知 人皆知我所以勝
인 형 이 조 승 어 중　중 불 능 지　인 개 지 아 소 이 승
之形 而莫知吾所以制勝之形
지 형　이 막 지 오 소 이 제 승 지 형

(무형의) 형을 바탕으로 무리(많은 병력)로부터 승리를 거두어도 무리(많은 병력)는 (아군이 어떻게 이겼는지) 알지 못하며 사람들도 개략적으로 아군이 승리한 형은 알지만 아군이 만들어 온 승리의 형은 알지 못한다.

故其戰勝不復 而應形於無窮
고 기 전 승 불 복　이 응 형 어 무 궁

그러므로 전투의 승리는 반복하지 않고 끝없이 다양한 방법으로 형을 응용한다.

夫兵形象水 水之形 避高而趨下 兵之形 避
부 병 형 상 수　수 지 형　피 고 이 추 하　병 지 형　피

實而擊虛 水因地而制流 兵因敵而制勝
실 이 격 허　수 인 지 이 제 류　병 인 적 이 제 승

무릇 용병의 형은 물의 형상이다. 물의 형은 높은 곳을 피하여 아래로 흐른다. 용병의 형은 실을 피하여 허를 공격한다. 물은 땅으로 인하여 흐름을 만들고 용병은 적으로 인하여 승리를 만든다.

故兵無常勢 水無常形 能因敵變化而取勝者
고 병 무 상 세　수 무 상 형　능 인 적 변 화 이 취 승 자

謂之神
위 지 신

그러므로 용병은 일정한 세가 없고 물은 일정한 형이 없다. 능히 적으로 인하여 변화하고 승리를 얻는 자를 신이라 한다.

故五行無常勝 四時無常位 日有短長 月有死生
고 오 행 무 상 승　사 시 무 상 위　일 유 단 장　월 유 사 생

그러므로 오행은 영원한 (일정한) 승리가 없고 사계절은 영원한 (일정한) 위치가 없으며 해는 길고 짧음이 있고 달은 차고 기우러짐이 있다.

# 第七 軍爭篇

孫子曰 凡用兵之法 將受命於君 合軍聚衆
손 자 왈 범 용 병 지 법 장 수 명 어 군 합 군 취 중
交和而舍 莫難於軍爭
교 화 이 사 막 난 어 군 쟁

손자가 말하였다. 무릇 용병의 법은 장수가 군주로부터 명령을 받아 군을 편성하고 무리를 동원하며 군대가 진영을 편성하여 적과 대치하는 것으로 군쟁보다 어려운 일은 없다.

軍爭之難者 以迂爲直 以患爲利 故迂其途
군 쟁 지 난 자 이 우 위 직 이 환 위 리 고 우 기 도
而誘之以利 後人發 先人至 此知迂直之計
이 유 지 이 리 후 인 발 선 인 지 차 지 우 직 지 계
者也
자 야

군쟁이 어려운 것은 우회하면서 직진하는 것처럼 하고 어려움을 이로움으로 삼아야 하기 때문이다. 그러므로 그 길을 우회하여 이로움으로 적을 유인하고 적보다 늦게 출발하여도 적보다 먼저 도달한다. 이것이 우직지계를 아는 것이다.

故軍爭爲利 軍爭爲危 擧軍而爭利 則不及
고군쟁위리 군쟁위위 거군이쟁리 즉불급

委軍而爭利 則輜重捐
위군이쟁리 즉치중연

그러므로 군쟁은 이로움이 될 수도 있고 해로움이 될 수도 있다. 모든 군대를 통제하여 이로움을 다투면 (제시간에) 도착하지 못하고 군대(개별 지휘관)에 위임하여 이로움을 다투면 군수품(보급품)이 버려진다(뒤처진다).

是故券甲而趨 日夜不處 倍道兼行 百里而
시고권갑이추 일야불처 배도겸행 백리이

爭利 則擒三將軍 勁者先 疲者後 其法十一
쟁리 즉금삼장군 경자선 피자후 기법십일

而至
이지

그러므로 갑옷을 걷어 올리고 달려 밤낮으로 쉬지 않고 두 배의 속도로 백 리를 행군하여 이로움을 다투면 삼군의 장수가 사로잡히고 날랜 병사는 먼저 가지만 피로한 병사는 뒤처진다. 이러한 (용병의) 법은 군사의 십분의 일만 목적지에 이르게 한다.

五十里而爭利 則蹶上將軍 其法半至 三十
오십리이쟁리 즉궐상장군 기법반지 삼십

里而爭利 則三分之二至 是故軍無輜重則亡
리이쟁리 즉삼분지이지 시고군무치중즉망

無糧食則亡 無委積則亡
무양식즉망 무위적즉망

오십 리를 행군하여 이로움을 다투면 상장군이 전사한다. 이러한 (용병의) 법은 (병사의) 절반만 목적지에 이르게 한다. 삼십 리 거리를 행군하여 이로움을 다투면 (병사의) 삼분의 이만 도착한다. 그러므로 군대에 보급품이 없으면 망하고 양식이 없으면 망하고 확보된 물자가 없으면 망한다.

故不知諸侯之謀者 不能豫交 不知山林 險阻
고부지제후지모자 불능예교 부지산림 험조

沮澤之形者 不能行軍 不用鄕導者 不能得地
저택지형자 불능행군 불용향도자 불능득지

利 故兵以詐立 以利動 以分合爲變者也
리 고병이사립 이리동 이분합위변자야

그러므로 제후의 모략을 알지 못하면 미리 사귈 수 없고(외교 관계를 맺을 수 없고) 산림, 험한 지형, 늪지 등 지리와 지형을 알지 못하면 행군할 수 없고 지형을 잘 아는 현지인을 이용하지 못하면 지리적인 이로움을 얻을 수 없다. 그러므로 용병은 적을 속임으로써 성립하고 이로움으로써 적을 움직이며 (병력을) 집중하고 분산함으로써 변화를 만들어 내는 것이다.

故其疾如風 其徐如林 侵掠如火 不動如山
고 기 질 여 풍　기 서 여 림　침 략 여 화　부 동 여 산

難知如陰 動如雷震
난 지 여 음　동 여 뇌 진

그러므로 빠르기는 바람과 같고 느림은 숲과 같고 침략은 불과 같고 움직이지 않음은 산과 같고 알기 어려움은 그늘(어둠)과 같고 움직임은 우레와 천둥 같다.

掠鄉分眾 廓地分利 懸權而動 先知迂直之
약 향 분 중　확 지 분 리　현 권 이 동　선 지 우 직 지

計者勝 此軍爭之法也
계 자 승　차 군 쟁 지 법 야

마을을 약탈하여 무리(병력)를 나누고 땅을 넓혀서 이익을 나누고 권위(권세)를 드러내며 이동한다. 먼저 우직지계를 아는 사람이 승리한다. 이것이 군쟁의 법이다.

軍政曰 言不相聞 故爲金鼓 視不相見 故爲
군 정 왈 언 불 상 문 고 위 금 고 시 불 상 견 고 위

旌旗 夫金鼓旌旗者 所以一民之耳目也
정 기 부 금 고 정 기 자 소 이 일 민 지 이 목 야

군정(이라는 책)에서 말하였다. (전쟁터에서는) 말을 서로 들을 수 없으니 징과 북으로 (신호를) 하고 눈으로 서로를 볼 수 없으니 깃발로 (신호를) 한다. 이런 징과 북과 깃발을 쓰는 것은 병사들의 눈과 귀를 하나로 모으기 위해서이다.

民旣專一 則勇者不得獨進 怯者不得獨退
민 기 전 일 즉 용 자 부 득 독 진 겁 자 부 득 독 퇴

此用衆之法也
차 용 중 지 법 야

병사들이 모여 처음부터 하나가 되면 용감한 자라도 독단으로 진격할 수 없고 겁쟁이라도 독단으로 퇴각할 수 없다. 이것이 무리(많은 병력)를 운용하는 방법이다.

故夜戰多火鼓 晝戰多旌旗 所以變民之耳目也
고 야 전 다 화 고 주 전 다 정 기 소 이 변 민 지 이 목 야

그러므로 야간 전투에서는 불과 북을 많이 사용하고 주간 전투에서는 깃발을 많이 사용한다. 이것은 병사들의 눈과 귀를 속이기 위함이다.

故三軍可奪氣 將軍可奪心 是故朝氣銳 晝
고 삼 군 가 탈 기  장 군 가 탈 심  시 고 조 기 예  주

氣惰 暮氣歸
기 타  모 기 귀

그러므로 전군의 사기를 빼앗아 버릴 수 있고 적장의 마음을 흔들어 놓을 수 있다.
무릇 아침의 기는 날카롭고 낮의 기는 해이하며 저녁의 기는 사라진다.

故善用兵者 避其銳氣 擊其惰歸 此治氣者
고 선 용 병 자  피 기 예 기  격 기 타 귀  차 치 기 자

也 以治待亂 以靜待譁 此治心者也
야  이 치 대 란  이 정 대 화  차 치 심 자 야

그러므로 용병을 잘하는 자는 날카로운 기를 피하고 해이한 기를 공격한다. 이것이
기를 다스리는 것이다. (아군의) 다스림으로 (적의) 어지러움을 기다리고 (아군의) 고
요함으로 (적의) 소란함을 기다리니 이것이 마음을 다스리는 것이다.

以近待遠 以佚待勞 以飽待飢 此治力者也
이근대원 이일대로 이포대기 차치력자야

無邀正正之旗 勿擊堂堂之陣 此治變者也
무요정정지기 물격당당지진 차치변자야

가까운 곳에서 멀리서 온 적을 기다리고 편안함으로 피로한 적을 기다리며 배부른 병사로 굶주린 적을 기다린다. 이것이 힘을 다스리는 것이다. 질서 있게 정돈된 적의 기를 상대하지 않으며 위용이 당당한 적의 진은 공격하지 않는다. 이것이 변화를 다스리는 것이다.

故用兵之法 高陵勿向 背丘勿逆 佯北勿從
고 용병지법 고릉물향 배구물역 양배물종

銳卒勿攻
예졸물공

그러므로 용병의 법은 고지의 구릉에 있는 적을 공격하지 않고 언덕을 등지고 있는 적을 공격하지 않고 패배한 척 도망가는 적을 추격하지 않고 사기가 높은 적을 공격하지 않는다.

餌兵勿食 歸師勿遏 圍師必闕 窮寇勿迫 此
이병물식 귀사물알 위사필궐 궁구물박 차

用兵之法也
용병지법야

이병(미끼로 던져진 부대)을 공격하지 않으며 귀환하는 군사를 막지 않으며 포위된 군사는 반드시 출구를 열어주고 궁지에 몰린 적은 핍박하지 않는다. 이것이 용병의 법이다.

# 第八 九變篇

孫子曰　凡用兵之法　將受命於君　合軍聚衆
손 자 왈　범 용 병 지 법　장 수 명 어 군　합 군 취 중

圮地無舍　衢地合交　絶地無留　圍地則謀　死
비 지 무 사　구 지 합 교　절 지 무 류　위 지 즉 모　사

地則戰
지 즉 전

손자가 말하였다. 무릇 용병의 법은 장수가 군주의 명령을 받아 군대를 편성하고 무리(병력)를 모으는 것으로 (언덕이 무너져 움푹 팬 곳인) 비지에 머물러 숙영하지 않고 (여러 나라의 국경이 접하는) 구지에서는 주변 제후국과 동맹을 견고히 하며 (국경을 넘은 지 얼마 되지 않은) 절지에서는 머무르지 않으며 (삼면이 둘러싸여 포위되기 쉬운) 위지에서는 모략으로 벗어나고 (전진도 후퇴도 할 수 없는) 사지에서는 싸운다.

塗有所不由 軍有所不擊 城有所不攻 地有
도 유 소 불 유　군 유 소 불 격　성 유 소 불 공　지 유
所不爭 君命有所不受
소 부 쟁　군 명 유 소 불 수

길에는 가지 말아야 할 곳이 있고 군대는 공격해서는 안 되는 곳이 있고 성에는 공격해서는 안 되는 곳이 있고 땅에는 다투지 말아야 할 곳이 있고 군주의 명에는 받지 말아야 할 것이 있다.

塗有所不由 軍有所不擊 城有所不攻 地有
所不爭 君命有所不受

故將通於九變之利者 知用兵矣 將不通於九
고 장 통 어 구 변 지 리 자　지 용 병 의　장 불 통 어 구
變之利者 雖知地形 不能得地之利矣 治兵
변 지 리 자　수 지 지 형　불 능 득 지 지 리 의　치 병
不知九變之術 雖知五利 不能得人之用矣
부 지 구 변 지 술　수 지 오 리　불 능 득 인 지 용 의

그러므로 장수가 구변의 이로움에 통하면 용병을 안다. 장수가 구변의 이로움에 통하지 않으면 비록 지형을 알아도 지형의 이로움을 능히 얻을 수 없다. 용병을 운용하는데 구변의 기술을 알지 못하면 비록 다섯 가지 이로움을 알아도 사람을 활용하는 법을 알 수 없다.

是故智者之慮 必雜於利害 雜於利 而務可
시 고 지 자 지 려 필 잡 어 리 해 잡 어 리 이 무 가

信也 雜於害 而患可解也
신 야 잡 어 해 이 환 가 해 야

그러므로 지혜로운 자의 생각은 반드시 이로움과 해로움을 함께 고려한다. 이로움을 고려하면 일이 믿을 만한 것이 되고 해로움을 고려하면 어려움을 해결할 수 있다.

是故屈諸侯者以害 役諸侯者以業 趨諸侯者
시 고 굴 제 후 자 이 해 역 제 후 자 이 업 추 제 후 자

以利
이 리

그러므로 해로움으로써 적의 제후를 굴복시킬 수 있고 일로써 제후를 부릴 수 있고 이로움으로써 제후를 유인할 수 있다.

故用兵之法 無恃其不來 恃吾有以待也 無
고 용 병 지 법 무 시 기 불 래 시 오 유 이 대 야 무

恃其不攻 恃吾有所不可攻也
시 기 불 공 시 오 유 소 불 가 공 야

그러므로 용병의 법은 (적이) 오지 않을 것을 믿지 않고 아군이 (적을) 대비할 수 있음을 믿는 것이다. (적이) 공격하지 않음을 믿지 않고 아군에게 (적이) 공격하지 못하는 점이 있음을 믿는 것이다.

故將有五危 必死可殺也 必生可虜也 忿速
고 장 유 오 위  필 사 가 살 야  필 생 가 로 야  분 속
可侮也 廉潔可辱也 愛民可煩也
가 모 야  염 결 가 욕 야  애 민 가 번 야

장수에게는 다섯 가지 위태로움이 있다. (용병 중에는) 반드시 죽고자 하면 죽음을 당하고 반드시 살고자 하면 사로잡히고 급하게 화를 내면 업신여김을 당하고 지나치게 결벽하면 치욕을 당하고 백성을 사랑하면 번거로워진다.

故將有五危 必死可殺也 必生可虜也 忿速
可侮也 廉潔可辱也 愛民可煩也

凡此五者 將之過也 用兵之災也 覆軍殺將
범 차 오 자  장 지 과 야  용 병 지 재 야  복 군 살 장
必以五危 不可不察也
필 이 오 위  불 가 불 찰 야

이러한 다섯 가지는 장수가 빠지기 쉬운 과오이며 용병의 재앙이다. 군대가 적에 의해 파멸에 이르고 장수가 죽는 것은 필히 이 다섯 가지의 위험 때문이니 세심히 살피지 않을 수 없다.

凡此五者 將之過也 用兵之災也 覆軍殺將
必以五危 不可不察也

# 第九 行軍篇

孫子曰 凡處軍相敵 絶山依谷 視生處高 戰
손 자 왈 범 처 군 상 적 절 산 의 곡 시 생 처 고 전

隆無登 此處山之軍也
륭 무 등 차 처 산 지 군 야

손자가 말하였다. 무릇 군대(군사)를 배치하고 적과 대치할 때는 산을 넘어 골짜기에 의지하고(행군하고) 시야가 트인 높은 곳에서 위치하며 (적과) 싸우기 위해 높은 곳으로 오르지 않는다. 이것이 산악에서 군대의 운용법이다.

絶水必遠水 客絶水而來 勿迎之於水内 令
절 수 필 원 수 객 절 수 이 래 물 영 지 어 수 내 영

半濟而擊之 利 欲戰者 無附於水而迎客 視
반 제 이 격 지 리 욕 전 자 무 부 어 수 이 영 객 시

生處高 無迎水流 此處水上之軍也
생 처 고 무 영 수 류 차 처 수 상 지 군 야

물을 건너면 반드시 물을 멀리하고 적이 물을 건너올 때 물속에서 맞이하지 말고 반쯤 건넜을 때 공격하면 유리하다. 싸우고자 한다면 물가에서 (적을) 맞이하지 말고 시야가 트인 높은 곳에서 싸우고 물을 거슬러 가며 적을 맞이하면 안 된다. 이것이 물위에서 군대의 운용법이다.

絶斥澤 惟亟去無留 若交軍於斥澤之中 必
절 척 택　유 극 거 무 류　약 교 군 어 척 택 지 중　필
依水草 而背衆樹 此處斥澤之軍也
의 수 초　이 배 중 수　차 처 척 택 지 군 야

늪지를 건너갈 때는 오직 신속하게 지나고 머물지 않으며 만약 늪지에서 교전하게 되면
반드시 수초를 의지하고 나무를 등지고 싸운다. 이것이 늪지에서 군대의 운용법이다.

絶斥澤 惟亟去無留 若交軍於斥澤之中 必
依水草 而背衆樹 此處斥澤之軍也

平陸處易 而右背高 前死後生 此處平陸之
평 륙 처 이　이 우 배 고　전 사 후 생　차 처 평 륙 지
軍也 凡此四軍之利 黃帝之所以勝四帝也
군 야　범 차 사 군 지 리　황 제 지 소 이 승 사 제 야

평지에서는 이동이 용이한 곳에 위치하여 오른쪽에 높은 언덕을 등지고 사지(초목이
없는 곳)를 앞으로 하고 생지(초목이 무성한 곳)를 뒤로한다. 이것이 평지에서 군대의
운용법이다. 무릇 이 네 가지 군대 운용법의 이로움이 황제가 사방의 제후들에게 승
리를 거둔 이유이다.

凡軍好高而惡下 貴陽而賤陰 養生而處實
범 군 호 고 이 오 하　귀 양 이 천 음　양 생 이 처 실
軍無百疾 是謂必勝
군 무 백 질　시 위 필 승

무릇 군대는 높은 곳을 좋아하고 낮은 곳은 싫어하며 양지를 귀하게 여기고 음지를
천하게 여긴다. 삶을 기르고 견실한 곳에 거처하게 하면 군대는 백 가지 질병이 없게
되는데 이것을 필승이라 한다.

丘陵堤防 必處其陽 而右背之 此兵之利 地
구릉제방 필처기양 이우배지 차병지리 지

之助也
지조야

구릉과 제방에서는 반드시 양지쪽에 진을 치고 오른쪽을 등지도록 하여야 한다. 이 것이 용병의 이로움이고 지형의 도움이다.

上雨 水沫至 欲涉者 待其定也
상우 수말지 욕섭자 대기정야

상류에 비가 내려 물거품이 내려올 때 그곳을 건너고자 하는 자는 물 흐름이 안정될 때까지 기다린다.

凡地有絶澗 天井 天牢 天羅 天陷 天隙 必亟
범지유절간 천정 천뢰 천라 천함 천극 필극

去之 勿近也 吾遠之 敵近之 吾迎之 敵背之
거지 물근야 오원지 적근지 오영지 적배지

무릇 높은 절벽으로 둘러싸인 골짜기, 깊게 파인 분지, 험난한 산으로 둘러싸인 곳, 초목이 빽빽한 곳, 깊은 수렁, 산과 산 사이의 좁은 곳이 지형에 있으면 반드시 신속 히 벗어나 가까이 하지 않는다. 아군이 이곳에서 멀리 가면 적이 가까이 오고 아군이 이곳을 향하면 적이 이곳을 등진다.

凡地有絶澗 天井 天牢 天羅 天陷 天隙 必亟
去之 勿近也 吾遠之 敵近之 吾迎之 敵背之

軍旁有 險阻 潢井 葭葦 林木 蘙薈者 必謹
군방유 험조 황정 가위 임목 예회자 필근
覆索之 此伏姦之所處也
복색지 차복간지소처야

군대 주변에 험하고 막힌 곳이나 웅덩이와 우물, 갈대숲, 산림, 풀이 무성한 곳이 있으면 반드시 조심하여 반복해서 수색한다. 여기는 복병이나 첩자가 있는 곳이다.

軍旁有 險阻 潢井 葭葦 林木 蘙薈者 必謹
覆索之 此伏姦之所處也

敵近而靜者 恃其險也 遠而挑戰者 欲人之
적근이정자 시기험야 원이도전자 욕인지
進也 其所居易者 利也
진야 기소거이자 이야

적이 근처에 있는 데도 조용한 것은 그 지형의 험난함을 믿기 때문이다. 적이 멀리 있는 데도 싸움을 거는 것은 아군의 진격을 유도하려는 것이다. (적이) 머무는 곳이 평이하다면 얻을 수 있는 이로움이 있기 때문이다.

敵近而靜者 恃其險也 遠而挑戰者 欲人之
進也 其所居易者 利也

眾樹動者 來也 眾草多障者 疑也 鳥起者 伏
중 수 동 자 내 야 중 초 다 장 자 의 야 조 기 자 복
也 獸駭者 覆也
야 수 해 자 복 야

많은 나무들이 움직이는 것은 (적이) 오는 것이고 많은 풀들로 장애물을 만들어 놓은
것은 의심을 불러일으키려는 것이고 새가 날아오르는 것은 (적이) 매복하는 것이고
짐승이 놀라 움직이면 (적이) 수색하는 것이다.

塵高而銳者 車來也 卑而廣者 徒來也 散而
진 고 이 예 자 차 래 야 비 이 광 자 도 래 야 산 이
條達者 樵採也 少而往來者 營軍也
조 달 자 초 채 야 소 이 왕 래 자 영 군 야

먼지가 높고 날카롭게 일어나면 전차가 오는 것이다. 먼지가 넓고 낮게 퍼지면 보병
이 오는 것이다. (먼지가) 분산되어 가닥으로 발생하면 땔나무를 하는 것이다. (적이)
소규모로 왔다 갔다 하면 군영(숙영)을 만드는 것이다.

辭卑而益備者 進也 辭強而進驅者 退也 輕
사 비 이 익 비 자 진 야 사 강 이 진 구 자 퇴 야 경
車先出其側者 陣也 無約而請和者 謀也 奔
차 선 출 기 측 자 진 야 무 약 이 청 화 자 모 야 분
走而陳兵車者 期也 半進半退者 誘也
주 이 진 병 차 자 기 야 반 진 반 퇴 자 유 야

(적이) 목소리를 낮추고 방비를 굳게 하는 것은 진격하려는 것이다. (적이) 목소리를 높이고 몰아붙이는 것은 후퇴하려는 것이다. 경전차(가벼운 병거)가 먼저 나와 측면에 배치되는 것은 진을 치는 것이다. 약속 없이 화친을 청하는 것은 모략을 꾸미는 것이다. 분주히 돌아다니며 전차의 진형을 만드는 것은 공격 시기를 기다리는 것이다. 반쯤 진격했다 반쯤 후퇴하는 것은 (아군을) 유인하려는 것이다.

辭卑而益備者 進也 辭强而進驅者 退也 輕
車先出其側者 陣也 無約而請和者 謀也 奔
走而陳兵者 期也 半進半退者 誘也

仗而立者 飢也 汲而先飮者 渴也 見利而不
장 이 립 자　기 야　급 이 선 음 자　갈 야　견 리 이 부
進者 勞也 鳥集者 虛也 夜呼者 恐也
진 자　노 야　조 집 자　허 야　야 호 자　공 야

(적이) 지팡이를 의지하여 서 있는 것은 기아에 허덕이는 것이고 급하게 물을 길어 마시려는 것은 갈증이 난다는 것이다. 이로움을 발견하고도 진격하지 않는 것은 피로하다는 것이고 새가 모여드는 것은 그곳이 비어 있다는 것이며 야밤에 큰소리를 내는 것은 공포에 떠는 것이다.

軍擾者 將不重也 旌旗動者 亂也 吏怒者 倦
군 요 자　장 부 중 야　정 기 동 자　난 야　이 노 자　권
也 粟殺馬肉食 軍無糧也
야　속 살 마 육 식　군 무 양 야

군이 시끄러운 것은 장수가 무게가(위엄이) 없다는 것이고 정기(깃발)가 움직이는 것은 혼란스럽다는 것이다. 장교가 분노하는 것은 고달프기 때문이고 말을 죽여 고기로 먹는 것은 양식이 없기 때문이다.

軍無懸瓵 不返其舍者 窮寇也 諄諄翕翕 徐
군 무 현 부 불 반 기 사 자 궁 구 야 순 순 흡 흡 서
與人言者 失衆也
여 인 언 자 실 중 야

군영에 질장군(취사도구)을 걸어놓은 것도 없고 막사로 다시 반입하지 않는 것은 궁지에 몰린 것이다. 장수가 타이르듯 천천히 병사들에게 말하는 것은 위엄(신임)을 잃었기 때문이다.

數賞者 窘也 數罰者 困也 先暴而後畏其衆
삭 상 자 군 야 삭 벌 자 곤 야 선 포 이 후 외 기 중
者 不精之至也 來委謝者 欲休息也
자 부 정 지 지 야 내 위 사 자 욕 휴 식 야

자주 상을 주는 것은 군색하다(가난하고 어렵다)는 것이고 자주 벌을 주는 것은 괴롭다는 것이다. 먼저 사납게 하고 이후에 병사들을 두려워하는 것은 자질이 부족한 것이다. 사자를 보내 인사하는 것은 휴식을 얻고자 함이다.

兵怒而相迎 久而不合 又不相去 必謹察之
병 노 이 상 영 구 이 불 합 우 불 상 거 필 근 찰 지

(적이) 분노하여 용병을 일으키고 서로 대치하였는데 오랜 시간이 지나도 싸우지도 않고 물러나지도 않을 때에는 반드시 조심하여 (적의 정세를) 살펴야 한다.

兵非益多也 惟無武進 足以倂力料敵 取人
병 비 익 다 야 유 무 무 진 족 이 병 력 료 적 취 인

而已 夫惟無慮而易敵者 必擒於人
이 이 부 유 무 려 이 이 적 자 필 금 어 인

용병은 숫자가 많다고 유리한 것은 아니다. 무력으로 진격하지 않고 힘을 아우르고 적을 헤아려서 사람을 취하면 충분할 따름이다. 아무런 생각 없이 적을 쉽게 여기는 자는 반드시 사로잡히게 된다.

卒未親附而罰之 則不服 不服則難用也 卒
졸 미 친 부 이 벌 지 즉 불 복 불 복 즉 난 용 야 졸

已親附而罰不行 則不可用也
이 친 부 이 벌 불 행 즉 불 가 용 야

병사들이 (아직 장수와) 친해지고 가까워지지 않았는데 벌을 주면 복종하지 않고 복종하지 않으면 활용하기가 어렵다. 병졸이 이미 장수와 친해지고 가까워졌는데 마땅한 벌을 행하지 않으면 활용할 수 없다.

故令之以文 齊之以武 是謂必取
고 령 지 이 문 제 지 이 무 시 위 필 취

그러므로 명령은 문으로써 하고 통제는 무로써 하면 반드시 승리를 취하게 된다.

令素行以教其民 則民服 令不素行以教其民
영 소 행 이 교 기 민 즉 민 복 영 불 소 행 이 교 기 민

則民不服 令素行者 與衆相得也
즉 민 불 복 영 소 행 자 여 중 상 득 야

명령이 제대로 시행되고 이로써 병사들을 가르치면 병사들이 복종한다. 명령이 제대로 시행되지 않는 상태에서 병사들을 가르치면 병사들이 복종하지 않는다. 명령이 제대로 시행되면 장수와 병사들이 서로 이득을 얻는다.

# 第十 地形篇

孫子曰 地形有通者 有挂者 有支者 有險者
손 자 왈 지 형 유 통 자 유 괘 자 유 지 자 유 애 자
有險者 有遠者
유 험 자 유 원 자

손자가 말하였다. 지형에는 통형이 있고 괘형이 있고 지형이 있고 애형이 있고 험형
이 있고 원형이 있다.

孫子曰 地形有通者 有挂者 有支者 有險者
有險者 有遠者

---

我可以往 彼可以來 曰通 通形者 先居高陽
아 가 이 왕 피 가 이 래 왈 통 통 형 자 선 거 고 양
利糧道以戰 則利
이 량 도 이 전 즉 리

아군이 갈 수도 있고 적군이 올 수도 있는 곳이 통형이다. 통형에서는 높고 양지바른
곳을 선점하여 주둔하고 보급로를 튼튼히 해두고 싸우면 유리하다.

我可以往 彼可以來 曰通 通形者 先居高陽
利糧道以戰 則利

---

可以往 難以返 曰掛 掛形者 敵無備 出而勝
가 이 왕 난 이 반 왈 괘 괘 형 자 적 무 비 출 이 승
之 敵若有備 出而不勝 難以返 不利
지 적 약 유 비 출 이 불 승 난 이 반 불 리

나아갈 수는 있어도 물러서기가 곤란한 곳이 괘형이다. 괘형에서는 적의 방비가 없
으면 출격하여 승리할 수 있고 만약 적이 대비하고 있다면 출격하여 승리할 수 없으
며 후퇴가 곤란하기 때문에 불리하다.

可以往 難以返 曰掛 掛形者 敵無備 出而勝
之 敵若有備 出而不勝 難以返 不利

我出而不利 彼出而不利 曰支 支形者 敵雖利
아 출 이 불 리 피 출 이 불 리 왈 지 지 형 자 적 수 리

我 我無出也 引而去之 令敵半出而擊之 利
아 아 무 출 야 인 이 거 지 영 적 반 출 이 격 지 리

아군이 출격해도 불리하고 적군이 출격해도 불리한 곳이 지형이다. 지형에서는 적이 비록 이로움으로 아군을 유인해도 출격해서는 안 된다. 아군을 빼내어 후퇴하다가 적이 반쯤 나오게 하여 공격하면 유리하다.

隘形者 我先居之 必盈之以待敵 若敵先居
애 형 자 아 선 거 지 필 영 지 이 대 적 약 적 선 거

之 盈而勿從 不盈而從之
지 영 이 물 종 불 영 이 종 지

애형에서는 아군이 선점하여 주둔하고 반드시 양측에 병력을 배치하여 적을 기다린다. 만약 적이 선점하고 있다면 진출하지 말고 (적이) 없다면 진출한다.

險形者 我先居之 必居高陽以待敵 若敵先
험 형 자 아 선 거 지 필 거 고 양 이 대 적 약 적 선

居之 引而去之 勿從也
거 지 인 이 거 지 물 종 야

험형에서는 아군이 선점하여 주둔하고 반드시 높고 양지바른 곳에서 적을 기다린다. 만약 적이 선점하여 주둔한다면 아군을 인솔하여 퇴각하고 진격하지 않는다.

險形者 我先居之 必居高陽以待敵 若敵先居
之 引而去之 勿從也

遠形者 勢均 難以挑戰 戰而不利 凡此六者
원 형 자 세 균 난 이 도 전 전 이 불 리 범 차 륙 자
地之道也 將之至任 不可不察也
지 지 도 야 장 지 지 임 불 가 불 찰 야

원형에서는 적과 세력이 균등하면 싸우기가 곤란하고 직접적인 전쟁은 불리하다. 무릇 이 여섯 가지가 지형을 이용하는 법이다. 장수가 임명을 받으면 세심히 살피지 않을 수 없다.

遠形者 勢均 難以挑戰 戰而不利 凡此六者
地之道也 將之至任 不可不察也

故兵有走者 有弛者 有陷者 有崩者 有亂者
고 병 유 주 자 유 이 자 유 함 자 유 붕 자 유 란 자
有北者 凡此六者 非天之災 將之過也
유 배 자 범 차 륙 자 비 천 지 재 장 지 과 야

그러므로 용병에는 도주하는 자가 있고 해이한 자가 있으며 빠지는 자가 있고 무너지는 자가 있으며 어지러운 자가 있고 패하는 자가 있다. 이러한 여섯 가지는 천지의 재앙이 아니라 장수의 과실이다.

故兵有走者 有弛者 有陷者 有崩者 有亂者
有北者 凡此六者 非天之災 將之過也

夫勢均 以一擊十曰走 卒强吏弱曰弛 吏强
부 세 균 이 일 격 십 왈 주 졸 강 리 약 왈 이 이 강
卒弱曰陷
졸 약 왈 함

무릇 세가 비슷한 경우 하나로 열을 공격하는 것을 주(走)라 한다. 병졸은 강하지만 장교들이 약한 것을 이(弛)라 한다. 장교는 강한 데 병졸이 약한 것을 함(陷)이라 한다.

大吏怒而不服 遇敵懟而自戰 將不知其能
대 리 노 이 불 복 우 적 대 이 자 전 장 부 지 기 능
曰崩
왈 붕

장교가 분노하면 복종하지 않고 적병과 조우하여 대적할 때 스스로 전투를 하며 장수가 그 장교의 능력을 알지 못하는 것을 붕(崩)이라 한다.

將弱不嚴 教道不明 吏卒無常 陳兵縱橫
장 약 불 엄 교 도 불 명 이 졸 무 상 진 병 종 횡
曰亂
왈 란

장수가 나약하고 엄하지 않아 교육과 훈련이 안 되며 장교와 병졸의 위계질서가 없고 용병의 진영이 좌충우돌하는 것을 난(亂)이라 한다.

將不能料敵 以少合衆 以弱擊強 兵無選鋒
장 불 능 료 적 이 소 합 중 이 약 격 강 병 무 선 봉

曰北 凡此六者 敗之道也 將之至任 不可不
왈 배 범 차 륙 자 패 지 도 야 장 지 지 임 불 가 불

察也
찰 야

장수가 적을 헤아리지 못해 (아군의) 소수 병력으로 (적의) 많은 병력과 싸우고 (아군의) 약함으로 (적의) 강함을 공격하여 용병에서 선봉에 서는 병사가 없는 것을 배(北)라 한다. 이 여섯 가지는 패배하는 길이다. 장수가 임명을 받으면 세심히 살피지 않을 수 없다.

將不能料敵 以少合衆 以弱擊強 兵無選鋒
曰北 凡此六者 敗之道也 將之至任 不可不
察也

夫地形者 兵之助也 料敵制勝 計險厄遠近
부 지 형 자 병 지 조 야 요 적 제 승 계 험 액 원 근

上將之道也 知此而用戰者必勝 不知此而用
상 장 지 도 야 지 차 이 용 전 자 필 승 부 지 차 이 용

戰者必敗
전 자 필 패

무릇 지형은 용병을 도우는 것이다. 적을 헤아려 승리를 얻고 지형의 험난함과 위험, 멀고 가까움을 계산하는 것이 상장군이 해야 할 일이다. 이를 알고 전쟁을 하는 자는 반드시 승리하고 이를 알지 못하고 전쟁을 하는 자는 반드시 패배한다.

夫地形者 兵之助也 料敵制勝 計險厄遠近
上將之道也 知此而用戰者必勝 不知此而用
戰者必敗

故戰道必勝 主曰無戰 必戰可也 戰道不勝
고 전 도 필 승 주 왈 무 전 필 전 가 야 전 도 불 승
主曰必戰 無戰可也
주 왈 필 전 무 전 가 야

그러므로 전쟁에서 승리가 확실하다면 군주가 전쟁을 하지 말라고 명령해도 전쟁을
할 수 있고 전쟁에서 승리할 수 없으면 군주가 전쟁을 하라고 명령해도 전쟁을 하지
않을 수 있다.

故進不求名 退不避罪 唯民是保 而利合於
고 진 불 구 명 퇴 불 피 죄 유 민 시 보 이 리 합 어
主 國之寶也
주 국 지 보 야

그러므로 나아가서는 명예를 구하지 않고 물러서서는 죄를 피하지 않으며 오직 백성
을 보호하고 군주를 이롭게 하니 나라의 보배이다.

視卒如嬰兒 故可與之赴深溪 視卒如愛子
시 졸 여 영 아 고 가 여 지 부 심 계 시 졸 여 애 자
故可與之俱死
고 가 여 지 구 사

병사를 어린아이처럼 대하면 함께 깊은 골짜기에 갈 수 있고 병사를 사랑하는 자식
처럼 대하면 함께 죽을 수 있다.

視卒如嬰兒 故可輕之赴深谿 視卒如愛子 故
可與之俱死

厚而不能使 愛而不能令 亂而不能治 譬如
후 이 불 능 사 애 이 불 능 령 난 이 불 능 치 비 여

驕子 不可用也
교 자 불 가 용 야

후덕하면 부릴 수 없고 사랑하면 명령을 내릴 수 없으며 어지러우면 다스릴 수 없으
니 교만한 자식처럼 쓸모가 없다.

厚而不能使 愛而不能令 亂而不能治 譬如
驕子 不可用也

知吾卒之可以擊 而不知敵之不可擊 勝之半
지 오 졸 지 가 이 격 이 부 지 적 지 불 가 격 승 지 반

也 知敵之可擊 而不知吾卒之不可以擊 勝
야 지 적 지 가 격 이 부 지 오 졸 지 부 가 이 격 승

之半也
지 반 야

아군의 병졸로 공격이 가능하다는 것을 알지만 적의 상태가 공격해서는 안 된다는
것을 알지 못하면 승리의 확률은 반이다. 적을 공격할 때를 알지만 아군의 병졸 상황
이 공격하기에 불가능하다는 것을 알지 못하면 승리의 확률은 반이다.

知敵之可擊 知吾卒之可以擊 而不知地形之
지 적 지 가 격 　 지 오 졸 지 가 이 격 　 이 부 지 지 형 지

不可以戰 勝之半也
불 가 이 전 　 승 지 반 야

적을 공격할 때를 알고 아군의 병졸 상황이 공격이 가능하다는 것을 알지만 지형이
공격하기에 불가능하다는 것을 알지 못하면 승리의 확률은 반이다.

故知兵者 動而不迷 擧而不窮 故曰 知彼知
고 지 병 자 　 동 이 불 미 　 거 이 불 궁 　 고 왈 　 지 피 지

己 勝乃不殆 知地知天 勝乃可全
기 　 승 내 불 태 　 지 지 지 천 　 승 내 가 전

그러므로 군사를 아는 자는 움직일 때는 헷갈리지 않고 일어날 때는 막히지 않는다.
그러므로 적을 알고 나를 알면 승리하고 위태롭지 않으며 땅을 알고 하늘을 알면 승
리하고 온전할 수 있다.

# 第十一 九地篇

孫子曰 用兵之法 有散地 有輕地 有爭地 有
손 자 왈 용 병 지 법 유 산 지 유 경 지 유 쟁 지 유
交地 有衢地 有重地 有圮地 有圍地 有死地
교 지 유 구 지 유 중 지 유 비 지 유 위 지 유 사 지

손자가 말하였다. 용병의 법에는 산지, 경지, 쟁지, 교지, 구지, 중지, 비지, 위지, 사지가 있다.

諸侯自戰其地 爲散地 入人之地不深者 爲
제 후 자 전 기 지 위 산 지 입 인 지 지 불 심 자 위
輕地 我得則利 彼得亦利者 爲爭地
경 지 아 득 즉 리 피 득 역 리 자 위 쟁 지

제후가 자국의 땅에서 싸우는 것을 산지라 하고 적의 영토를 공격하지만 깊이 들어가 있지 않은 곳을 경지라 하고 아군이 점령하면 아군에게 유리하고 적이 점령하면 적에게도 유리한 곳을 쟁지라 한다.

我可以往 彼可以來者 爲交地 諸侯之地三
아 가 이 왕　피 가 이 래 자　위 교 지　제 후 지 지 삼

屬 先至而得天下衆者 爲衢地
속　선 지 이 득 천 하 중 자　위 구 지

아군이 갈 수도 있고 적이 올 수도 있는 곳을 교지라 하고 제후의 영토로 여러 나라
가 접하고 있어 선점하면 천하의 백성들을 모으게 될 곳을 구지라 한다.

入人之地深 背城邑多者 爲重地 山林險阻
입 인 지 지 심　배 성 읍 다 자　위 중 지　산 림 험 조

沮澤 凡難行之道者 爲圮地
저 택　범 난 행 지 도 자　위 비 지

적의 영토에 깊숙이 들어가 많은 성읍을 등지고 있는 곳을 중지라 하고 산림이 험하
고 늪이 많은 택지로 행군하기 곤란한 곳을 비지라 한다.

所由入者隘 所從歸者迂 彼寡可以擊吾之衆
소 유 입 자 애 소 종 귀 자 우 피 과 가 이 격 오 지 중
者 爲圍地
자 위 위 지

진입하는 곳이 좁아서 그곳에서 되돌아 나오려면 우회해야 하며 적이 소수의 병력으로 아군의 많은 병력을 공격할 수 있는 곳을 위지라 한다.

所由入者隘 所從歸者迂 彼寡可以擊吾之衆
者 爲圍地

疾戰則存 不疾戰則亡者 爲死地
질 전 즉 존 부 질 전 즉 망 자 위 사 지

속전속결하면 생존하고 속전속결하지 않으면 멸망하는 곳을 사지라 한다.

疾戰則存 不疾戰則亡者 爲死地

是故散地則無戰 輕地則無止 爭地則無攻
시 고 산 지 즉 무 전 경 지 즉 무 지 쟁 지 즉 무 공
交地則無絶 衢地則合交 重地則掠 圮地則
교 지 즉 무 절 구 지 즉 합 교 중 지 즉 략 비 지 즉
行 圍地則謀 死地則戰
행 위 지 즉 모 사 지 즉 전

그러므로 산지에서는 전투를 하지 않고 경지에서는 머무르지 않고 쟁지에서는 공격하지 않고 교지에서는 (부대의 연락을) 끊지 않고 구지에서는 외교적 수단을 쓰고 중지에서는 약탈하고 비지에서는 신속하게 통과하고 위지에서는 모략을 이용하고 사지에서는 싸운다.

所謂古之善用兵者 能使敵人前後不相及
소위고지선용병자 능사적인전후불상급

衆寡不相恃 貴賤不相救 上下不相收 卒離
중과불상시 귀천불상구 상하불상수 졸리

而不集 兵合而不齊
이부집 병합이부제

이른바 옛날부터 용병을 잘하는 자는 적으로 하여금 전후방이 서로 연합하여 도울 수 없게 하고, 무리(많은 병력)와 소수(적은 병력)가 서로를 믿지 못하게 하며, 귀족과 천민이 서로 구할 수 없게 하고, 상급자와 하급자가 서로 (마음으로) 받아들이지 못하게 하며, 병졸들을 분리하여 모이지 못하게 하고, 모이더라도 통제할 수 없게 한다.

合於利而動 不合於利而止
합어리이동 불합어리이지

(상황이) 이로움에 부합하면 (아군을) 움직이고 이로움이 없으면 움직이지 않는다.

敢問 敵衆整而將來 待之若何? 曰 先奪其
감 문 적 중 정 이 장 래 대 지 약 하 　 왈 선 탈 기

所愛 則聽矣 兵之情主速 乘人之不及 由不
소 애 즉 청 의 　 병 지 정 주 속 　 승 인 지 불 급 　 유 불

虞之道 攻其所不戒也
우 지 도 　 공 기 소 불 계 야

감히 묻는다. 적의 대군이 전열을 정비하고 공격해 오면 어찌 대처해야 하는가? 답을 말한다. 먼저 (적이) 아끼는 것을 빼앗으면 (적이 반응을 하고) 좇는다. 용병의 실정 (원칙)은 속도를 중시하여 적이 미치지 못하는 틈을 노리고 (적이) 생각하지 못하는 길을 따라(방법으로) 지나가며 (적이) 경계하지 못하는 곳을 공격한다.

凡爲客之道 深入則專 主人不克 掠於饒野
범 위 객 지 도 　 심 입 즉 전 　 주 인 불 극 　 약 어 요 야

三軍足食
삼 군 족 식

무릇 원정군으로서 용병의 법은 (적의 영토) 깊숙이 침입해서 싸움에 집중하여 적군이 이기지 못하게 한다. 적지의 풍요로운 들을 약탈하여 삼군의 식량을 충족하면

謹養而勿勞 併氣積力 運兵計謀 爲不可測
근 양 이 물 노　병 기 적 력　운 병 계 모　위 부 가 측

投之無所往 死且不北
투 지 무 소 왕　사 차 불 배

(병사들을) 삼가 길러서 피로하지 않게 하여 기운을 아울러 힘을 축적하고 용병을 운용하는 모략을 세워 추측하지 못하게 하고 갈 곳이 없는 곳에 투입하면 죽을지라도 달아나지 않고

死焉不得 士人盡力 兵士甚陷則不懼 無所
사 언 부 득　사 인 진 력　병 사 심 함 즉 불 구　무 소

往則固 深入則拘 不得已則鬪
왕 즉 고　심 입 즉 구　부 득 이 즉 투

죽으면 얻을 것이 없으니 병사들이 힘을 다해 싸운다. 병사들은 위기에 처하면 두려워하지 않고 더 이상 갈 곳이 없으면 (결의가) 굳어진다. (적지에) 깊숙이 들어가면 구속되어 부득이하게 싸울 수밖에 없다.

是故其兵不修而戒 不求而得 不約而親 不
시 고 기 병 불 수 이 계　불 구 이 득　불 약 이 친　불

令而信 禁祥去疑 至死無所之
령 이 신　금 상 거 의　지 사 무 소 지

그러므로 그 용병은 다스리지 않아도 경계하고 구하지 않아도 얻어 내며 함께 두지 않아도 친해지며 명령하지 않아도 신뢰한다. 미신을 금지하고 의심을 없애면 죽음에 이르러도 동요하지 않는다.

是故其兵不修而戒 不求而得 不約而親 不令而信 禁祥去疑 至死無所之

吾士無餘財 非惡貨也 無餘命 非惡壽也
오 사 무 여 재 비 오 화 야 무 여 명 비 오 수 야

아군의 병사에 남겨진 재물이 없는 것은(재물을 탐내지 않는 것은) 재물을 싫어해서가 아니며 남겨진 목숨이 없는 것은(목숨을 아끼지 않는 것은) 오래 사는 것을 싫어해서가 아니다.

吾士無餘財 非惡貨也 無餘命 非惡壽也

令發之日 士卒坐者涕霑襟 偃臥者淚交頤
영 발 지 일 사 졸 좌 자 체 점 금 언 와 자 루 교 이
投之無所往者 諸劌之勇也
투 지 무 소 왕 자 제 귀 지 용 야

명령이 내려지는 날에 앉은 자는 눈물로 옷깃을 적시고 누운 자는 눈물이 뺨에서 교차한다. 더 이상 갈 곳이 없는 상황에 던져지면 전제와 조귀의 용맹을 발휘한다.

＊ 전제와 조귀: 전제는 오나라의 자객이고, 조귀는 노나라의 용자이다.

令發之日 士卒坐者涕霑襟 偃臥者淚交頤
投之無所往者 諸劌之勇也

故善用兵者 譬如率然 率然者 常山之蛇也
고 선 용 병 자 비 여 솔 연 솔 연 자 상 산 지 사 야
擊其首則尾至 擊其尾則首至 擊其中則首尾
격 기 수 즉 미 지 격 기 미 즉 수 지 격 기 중 즉 수 미
俱至
구 지

그러므로 용병을 잘하는 자는 솔연에 비유한다. 솔연은 상산의 뱀이다. 그 머리를 공격하면 꼬리로 덤비고 그 꼬리를 공격하면 머리로 덤비며 그 중간을 공격하면 머리와 꼬리로 덤빈다.

敢問 兵可使如率然乎? 曰 可 夫吳人與越
감문 병가사여솔연호 왈 가 부오인여월

人相惡也 當其同舟而濟遇風 其相救也 如
인상오야 당기동주이제우풍 기상구야 여

左右手
좌우수

감히 묻는다. 용병을 솔연처럼 할 수 있는가? 그렇다고 말한다. 무릇 오나라와 월나라 사람은 서로 미워하지만 같은 배를 탔다가 바람을 만나는 상황이 되면 서로를 구하는 것이 양손과 같다.

是故方馬埋輪 未足恃也 齊勇若一 政之道
시고방마매륜 미족시야 제용약일 정지도

也 剛柔皆得 地之理也
야 강유개득 지지리야

그러므로 말을 묶어 놓고 수레바퀴를 묻어 놓아도 족히 믿을 수 없다. 용맹을 통제하여 하나로 일치시키는 것이 다스림의 도이고 강함과 유연함을 모두 얻는 것이 지형의 이치이다.

故善用兵者 攜手若使一人 不得已也
고 선 용 병 자 휴 수 약 사 일 인 부 득 이 야

그러므로 용병을 잘하는 자가 마치 한 사람을 다루듯 (병사들을) 이끄는 것은 그렇게 할 수밖에 없도록 만드는 것이다.

故善用兵者 攜手若使一人 不得已也

將軍之事 靜以幽 正以治 能愚士卒之耳目
장 군 지 사 정 이 유 정 이 치 능 우 사 졸 지 이 목
使之無知 易其事 革其謀 使人無識
사 지 무 지 역 기 사 혁 기 모 사 인 무 식

군대를 책임진 장수의 일은 고요하고 그윽하여 다스림으로 바르게 하고, 능히 병사들의 눈과 귀를 어리석게 하여 그것을 알지 못하도록 하며, 그 일을 바꾸고 그 모략을 변경하는 것을 사람이 알아채지 못하도록 한다.

易其居 迀其途 使人不得慮 帥與之期 如登
역 기 거 우 기 도 사 인 부 득 려 수 여 지 기 여 등
高而去其梯
고 이 거 기 제

머무르는 곳을 바꾸고 길을 우회하여 사람의 생각이 미치지 못하게 하고 (군대를) 지휘하여 결전을 벌일 때는 마치 높은 곳에 올라가게 하고 사다리를 치워버리는 것과 같이 한다.

帥與之深入諸侯之地 而發其機 焚舟破釜
수여지심입제후지지 이발기기 분주파부
若驅群羊 驅而往 驅而來 莫知所之 聚三軍
약구군양 구이왕 구이래 막지소지 취삼군
之衆 投之於險 此謂將軍之事也
지중 투지어험 차위장군지사야

(군대를) 지휘하여 제후의 땅(적진)에 깊숙이 들어가 작전을 펼칠 때는 (타고 온) 배를 불태우고 솥을 부수며 마치 양떼를 몰듯 왔다 갔다 해도 가는 곳을 모르게 하여 삼군의 병력을 모아 험지에 투입한다. 이것을 일러 군대를 책임진 장수의 일이라 한다.

九地之變 屈伸之利 人情之理 不可不察也
구지지변 굴신지리 인정지리 불가불찰야

구지의 변화, 굴신(상황의 변화)의 이로움, 인정의 원리(사람의 심리)를 세심히 살피지 않을 수 없다.

凡爲客之道 深則專 淺則散 去國越境而師
범 위 객 지 도 심 즉 전 천 즉 산 거 국 월 경 이 사

者 絶地也
자 절 지 야

무릇 (원정하여) 다른 나라를 공격할 때는 (적진) 깊이 침입하면 (병사들이 전투에) 전념하고 깊이 침입하지 않으면 분산되어 흩어진다. 나라를 떠나서 국경을 넘어 군대를 지휘하는 것을 절지라 한다.

凡爲客之道 深則專 淺則散 去國越境而師
者 絶地也

四達者 衢地也 入深者 重地也 入淺者 輕地
사 달 자 구 지 야 입 심 자 증 지 야 입 천 자 경 지

也 背固前隘者 圍地也 無所往者 死地也
야 배 고 전 애 자 위 지 야 무 소 왕 자 사 지 야

사방으로 통하는 교통의 요지가 구지이고, 깊이 진입한 것은 중지이며, 얕게 침입한 것은 경지이고, 배후가 막히고 앞이 좁은 곳이 위지이고, 왕래할 수 없는 곳이 사지이다.

四達者 衢地也 入深者 重地也 入淺者 輕地
也 背固前隘者 圍地也 無所往者 死地也

是故散地 吾將一其志 輕地 吾將使之屬 爭
시 고 산 지 오 장 일 기 지 경 지 오 장 사 지 속 쟁

地 吾將趨其後 交地 吾將謹其守 衢地 吾將
지 오 장 추 기 후 교 지 오 장 근 기 수 구 지 오 장

固其結 重地 吾將繼其食 圮地 吾將進其途
고 기 결 중 지 오 장 계 기 식 비 지 오 장 진 기 도

圍地 吾將塞其闕 死地 吾將示之以不活
위 지 오 장 색 기 궐 사 지 오 장 시 지 이 불 활

그러므로 아군의 장수는 산지에서는 (아군의) 의지를 하나로 만들고, 경지에서는 (아군을) 배속하여 흩어지지 않게 하고, 쟁지에서는 배후에서 적을 공격하고, 교지에서는 수비를 엄하게 하고, 구지에서는 외교적인 결합을 견고히 하고, 중지에서는 식량이 계속 이어지게 하고, 비지에서는 가던 길을 계속 진격하게 하고, 위지에서는 도망갈 길을 막아 용감히 싸우게 하고, 사지에서는 활로가 없음을 보여준다.

\* 將을 장차~로 해석할 것인지, 장수로 해석할 것인지에 따라 의미가 달라질 수 있다. 시사정보연구원은 장수의 의미로 해석하였다. 장차~의 의미로 해석한다면 吾將의 해석은 나는 장차~로 해석할 수 있다.

故兵之情 圍則御 不得已則鬪 過則從
고 병 지 정 위 즉 어 부 득 이 즉 투 과 즉 종

그러므로 용병의 실상(실정)은 포위당하면 방어하고, 불가피한 상황에 직면하면 싸우고, (상황이) 지나치게 위험하면 명령에 복종한다.

是故 不知諸侯之謀者 不能預交 不知山林
시 고　부 지 제 후 지 모 자　불 능 예 교　부 지 산 림

險阻 沮澤之形者 不能行軍 不用鄕導者 不
험 조　저 택 지 형 자　불 능 행 군　불 용 향 도 자　불

能得地利
능 득 지 리

그러므로 제후의 모략을 알지 못하는 자는 미리 사귈 수가 없고 산림, 험조, 저택의 지형을 알지 못하는 자는 군대를 진격시킬 수 없고 향도(그 지역 길잡이)를 사용하지 않는 자는 지형의 이로움을 얻을 수 없다.

四五者 不知一 非霸王之兵也
사 오 자　부 지 일　비 패 왕 지 병 야

이 네다섯 가지 중 하나라도 알지 못하면 패왕의 용병이 아니다.

夫霸王之兵 伐大國 則其衆不得聚 威加於
부 패 왕 지 병　벌 대 국　즉 기 중 부 득 취　위 가 어

敵 則其交不得合
적　즉 기 교 부 득 합

무릇 패왕의 용병은 대국을 정벌할 때는 그 무리(많은 병력)가 모이지 않게 하고 적에게 위협을 가할 때는 (적의) 외교적 노력이 효과가 없도록 한다.

是故 不爭天下之交 不養天下之權 信己之
시 고 부 쟁 천 하 지 교 불 양 천 하 지 권 신 기 지

私 威加於敵
사 위 가 어 적

그러므로 천하(주변 나라)와 외교를 맺으려고 경쟁하지 않고 천하의 권력을 확보하
려고 애쓰지 않고 자기 자신을 믿고 적에게 위압을 가한다.

故其城可拔 其國可隳 施無法之賞 懸無政
고 기 성 가 발 기 국 가 휴 시 무 법 지 상 현 무 정

之令 犯三軍之衆 若使一人
지 령 범 삼 군 지 중 약 사 일 인

그러므로 적의 성을 함락시킬 수 있고 적국을 멸망시킬 수 있다. 법에도 없는 상을
베풀고 관례에 없는 명령을 내림으로써 전군을 통제하는 것이 마치 한 사람을 다루
는 것처럼 한다.

犯之以事 勿告以言 犯之以利 勿告以害
범 지 이 사 물 고 이 언 범 지 이 리 물 고 이 해

일로 움직이고 말로 고하지 않으며 이로움으로 움직이고 해로움으로 고하지 않는다.

犯之以事 勿告以言 犯之以利 勿告以害

投之亡地 然後存 陷之死地 然後生 夫衆陷
투 지 망 지 연 후 존 함 지 사 지 연 후 생 부 중 함
於害 然後能爲勝敗
어 해 연 후 능 위 승 패

멸망의 땅에 던져진 후에야 보존할 수 있고 죽음의 땅에 빠진 후에야 살 수 있다. 무릇 무리는 해로운 상황에 빠진 후에야 능히 승패를 이룬다.

投之亡地 然後存 陷之死地 然後生 夫衆陷
於害 然後能爲勝敗

故爲兵之事 在於順祥敵之意 幷敵一向 千
고 위 병 지 사 재 어 순 상 적 지 의 병 적 일 향 천
里殺將 此謂巧能成事者也
리 살 장 차 위 교 능 성 사 자 야

그러므로 용병의 일은 적이 의도하는 바를 살펴 따르며 적과 같은 방향으로 천 리를 행군하여 적장을 살해하는 것이다. 이것을 교묘함으로 능히 일을 이루는 것이라고 한다.

故爲兵之事 在於順祥敵之意 幷敵一向 千
里殺將 此謂巧能成事者也

是故政擧之日 夷關折符 無通其使 勵於廊
시 고 정 거 지 일 이 관 절 부 무 통 기 사 여 어 랑
廟之上 以誅其事
묘 지 상 이 주 기 사

그러므로 군대를 동원하는 날이 되면 관문을 막고 부절(통행증)을 폐기하며 (적의) 사신을 통과시키지 않고 조정에 모여 힘써서 그 일(적의 책임)을 질책한다.

敵人開闔 必亟入之 先其所愛 微與之期 踐
적 인 개 합 필 극 입 지 선 기 소 애 미 여 지 기 천
墨隨敵 以決戰事
묵 수 적 이 결 전 사

적군이 성문을 열고 닫을 때 반드시 재빠르게 침입하여 적의 요충지를 선점하고 결전을 벌일 시기를 숨긴 채 은밀하게 적을 따라 움직이다가 결전을 치른다.

是故始如處女 敵人開戶 後如脫兎 敵不及拒
시 고 시 여 처 녀 적 인 개 호 후 여 탈 토 적 불 급 거

그러므로 처녀처럼 (느리고 천천히) 시작하다가 적이 빈틈을 보이면 달아나는 토끼처럼 적이 미처 막지 못하게 한다.

# 第十二 火攻篇

孫子曰 凡火攻有五 一曰火人 二曰火積 三
손 자 왈  범 화 공 유 오  일 왈 화 인  이 왈 화 적  삼

曰火輜 四曰火庫 五曰火隊
왈 화 치  사 왈 화 고  오 왈 화 대

손자가 말하였다. 화공에는 다섯 가지가 있다. 첫째는 적군을 불태우는 것이고, 둘째는 적의 군수물자를 불태우는 것이고, 셋째는 적의 병참 수송 차량을 불태우는 것이고, 넷째는 적의 군수창고를 불태우는 것이고, 다섯째는 적의 부대를 불태우는 것이다.

行火必有因 煙火必素具 發火有時 起火
행 화 필 유 인  연 화 필 소 구  발 화 유 시  기 화

有日
유 일

화공을 실행할 때는 반드시 (필요한) 조건이 있으며 불을 연소시킬 수 있는 재료는 반드시 갖추어야 한다. 불을 지르는 데는 때가 있고 불이 일어나는 데는 날이 있다.

時者 天之燥也 日者 月在 箕 壁 翼 軫也 凡
시자 천지조야 일자 월재기 벽 익 진야 범

此四宿者 風起之日也
차 사 숙 자 풍 기 지 일 야

(알맞은) 때란 천지의 날씨가 건조할 때이다. (알맞은) 날이란 달의 운행이 기, 벽, 익, 진의 별자리에 있을 때이다. 무릇 이 네 별자리는 바람이 일어날 수 있는 날이다.

凡火攻 必因五火之變而應之 火發於內 則早
범화공 필인오화지변이응지 화발어내 즉조

應之於外 火發而其兵靜者 待而勿攻 極其火
응지어외 화발이기병정자 대이물공 극기화

力 可從而從之 不可從而止 火可發於外 無
력 가종이종지 불가종이지 화가발어외 무

待於內 以時發之 火發上風 無攻下風 晝風
대어내 이시발지 화발상풍 무공하풍 주풍

久 夜風止 凡軍必知 有五火之變 以數守之
구 야풍지 범군필지 유오화지변 이수수지

무릇 화공은 필히 이 다섯 가지 방법으로 인하여 일어나는 상황의 변화에 대응한다. (적진) 내부에서 발화가 되면 즉시 밖에서 호응한다. 발화가 되었는 데도 적진이 고요하면 기다리며 공격하지 않고, 화력이 극에 이르렀을 때 공격이 가능하다면 공격하고 그렇지 않다면 공격을 중지한다. 밖에서 발화할 수 있을 때는 (적의) 내부 상황에 개의치 말고 적당한 때에 불을 지른다. 화공은 바람이 위로 (적의 방향으로) 불 때 사용하고 바람이 아래로 불 때 (바람을 안고) 공격하지 않는다. 낮에 바람이 오래 불면 야간에는 바람이 그친다. 무릇 군대는 반드시 다섯 가지 화공법의 변화가 있음을 알고 이를 헤아려 지킨다.

凡火攻 必因五火之變而應之 火發於內 則早
應之於外 火發而其兵靜者 待而勿攻 極其火
力 可從而從之 不可從而止 火可發於外 無
待於內 以時發之 火發上風 無攻下風 晝風
久 夜風止 凡軍必知 有五火之變 以數守之

故以火佐攻者明 以水佐攻者强 水可以絶
고 이 화 좌 공 자 명 이 수 좌 공 자 강 수 가 이 절

不可以奪
불 가 이 탈

그러므로 화공을 이용하여 공격을 돕는 것은 (효과가) 분명하고 물(수공)으로써 공격을 돕는 것은 (효과가) 강력하다. 물(수공)은 (적을) 차단할 수 있지만 제거할 수는 없다.

故以火佐攻者明 以水佐攻者强 水可以絶
不可以奪

夫戰勝攻取 而不修其功者凶 命曰 費留 故
부 전 승 공 취 이 불 수 기 공 자 흉 명 왈 비 류 고

曰 明主慮之 良將修之
왈 명 주 려 지 양 장 수 지

무릇 전쟁에 승리하고 공격하여 취하더라도 그 공을 다스리지 못하는 자는 흉하니 이를 이름하여 비류(치러야 할 비용이 아직 남음)라 한다. 그러므로 현명한 군주는 이것을 고려하고 훌륭한 장수는 이것을 다스릴 수 있어야 한다.

夫戰勝攻取 而不修其功者凶 命曰 費留 故

非利不動 非得不用 非危不戰 主不可以怒
비 리 부 동 비 득 불 용 비 위 부 전 주 불 가 이 노

而興師 將不可以慍而致戰
이 흥 사 장 불 가 이 온 이 치 전

이로움이 없으면 움직이지 않고 소득이 없으면 쓰지 않고 위태롭지 않으면 싸우지 않는다. 군주는 노여움으로 군사를 일으켜서는 안 되며 장수는 성내어 전쟁을 해서는 안 된다.

合於利而動 不合於利而止 怒可以復喜 慍
합 어 리 이 동 불 합 어 리 이 지 노 가 이 부 희 온

可以復悅 亡國不可以復存 死者不可以復生
가 이 부 열 망 국 불 가 이 부 존 사 자 불 가 이 부 생

이로움에 합하면 움직이고 이로움에 합하지 않으면 움직이지 않는다. 분노는 다시 기쁨이 될 수 있고 성냄은 다시 즐거움이 될 수 있지만 망한 나라는 다시 존재할 수 없고 죽은 자는 다시 살아날 수 없다.

故明君愼之 良將警之 此安國全軍之道也
고 명 군 신 지 양 장 경 지 차 안 국 전 군 지 도 야

그러므로 뛰어난 군주는 이를 신중히 하고 훌륭한 장수는 이를 경계한다. 이것이 국가를 편안하게 하고 군대를 온전하게 하는 방법이다.

# 第十三 用間篇

孫子曰　凡興師十萬　出征千里　百姓之費　公
손 자 왈　범 흥 사 십 만　출 정 천 리　백 성 지 비　공
家之奉　日費千金　内外騷動　怠於道路　不得
가 지 봉　일 비 천 금　내 외 소 동　태 어 도 로　부 득
操事者七十萬家
조 사 자 칠 십 만 가

손자가 말하였다. 무릇 십만의 대군을 동원하여 천 리를 출정하게 되면 백성이 부담하는 비용과 국세가 하루에 천금이 소비되고 나라의 안팎에 소동이 일어나며 도로(보수)에 게으르고 일(생업)을 꾸리지 못하는 집이 칠십만 호에 이르게 된다.

相守數年　以爭一日之勝　而愛爵祿百金　不
상 수 수 년　이 쟁 일 일 지 승　이 애 작 록 백 금　부
知敵之情者　不仁之至也　非人之將也　非主
지 적 지 정 자　불 인 지 지 야　비 인 지 장 야　비 주
之佐也　非勝之主也
지 좌 야　비 승 지 주 야

서로 수년을 대치함으로써 하루의 승리를 다툰다. 그러므로 작위, 봉록, 돈을 아까워하여 적의 실상(정세)을 알지 못하면 이것은 어질지 못함의 극치이며 다른 사람의 장수가 될 수 없고 군주의 보좌가 될 수 없으며 승리의 주인도 될 수 없다.

故明君賢將 所以動而勝人 成功出於衆者
고 명 군 현 장   소 이 동 이 승 인   성 공 출 어 중 자

先知也
선 지 야

그러므로 뛰어난 군주와 현명한 장수가 움직여 적을 이기고 (적의) 무리(많은 병력)보다 뛰어나게 공을 이루는 이유는 먼저 알기 때문이다.

先知者 不可取於鬼神 不可象於事 不可驗
선 지 자   불 가 취 어 귀 신   불 가 상 어 사   불 가 험

於度 必取於人 知敵之情者也
어 도   필 취 어 인   지 적 지 정 자 야

먼저 아는 것은 귀신에게서 얻을 수 없고 일에서 유추할 수 있는 것도 아니며 경험으로도 알 수 없고 반드시 사람에게서 적의 실상(정세)을 아는 것이다.

故用間有五 有鄕間 有内間 有反間 有死間
고 용 간 유 오　유 향 간　유 내 간　유 반 간　유 사 간

有生間
유 생 간

그러므로 간첩을 이용하는 것에는 다섯 가지가 있는데 향간이 있고 내간이 있고 반간이 있고 사간이 있고 생간이 있다.

故用間有五 有鄕間 有内間 有反間 有死間
有生間

---

五間俱起 莫知其道 是謂神紀 人君之寶也
오 간 구 기　막 지 기 도　시 위 신 기　인 군 지 보 야

다섯 가지 유형의 간첩을 함께 활용하되 (적이) 그 방법을 알지 못하니 이것을 신기(신묘한 도)라 하며 백성과 군주의 보배이다.

五間俱起 莫知其道 是謂神紀 人君之寶也

---

鄕間者 因其鄕人而用之 内間者 因其官人
향 간 자　인 기 향 인 이 용 지　내 간 자　인 기 관 인

而用之 反間者 因其敵間而用之 死間者 爲
이 용 지　반 간 자　인 기 적 간 이 용 지　사 간 자　위

誑事於外 令吾間知之 而傳於敵間 生間者
광 사 어 외　영 오 간 지 지　이 전 어 적 간　생 간 자

反報也
반 보 야

향간은 향인(적국의 사람)을 유인하여 활용하는 것이고, 내간은 관인(적국의 관리)을 포섭하여 이를 활용하는 것이며, 반간은 적의 간첩을 포섭하여 (이중간첩으로) 활용하는 것이고, 사간은 허위 사실을 외부에 유포하여 아군의 간첩이 알게 하고 적의 간첩에 전달하는 것이고, 생간은 (적진에서) 돌아와 (적의 실상을) 보고하는 것이다.

故三軍之事 莫親於間 賞莫厚於間 事莫密
고 삼 군 지 사 막 친 어 간 상 막 후 어 간 사 막 밀
於間
어 간

그러므로 삼군의 일에는 간첩보다 친밀한 것이 없고 간첩에게 주는 상보다 후한 상
이 없고 간첩보다 비밀스러운 일이 없다.

非聖智不能用間 非仁義不能使間 非微妙不
비 성 지 불 능 용 간 비 인 의 불 능 사 간 비 미 묘 불
能得間之實
능 득 간 지 실

성인의 지혜(뛰어난 지혜)가 아니면 간첩을 활용할 수 없고 인의가 아니면 간첩을 부
릴 수 없고 미묘하지 않으면 간첩을 이용한 실익을 거둘 수 없다.

微哉微哉 無所不用間也 間事未發而先聞者
미 재 미 재 무 소 불 용 간 야 간 사 미 발 이 선 문 자
間與所告者皆死
간 여 소 고 자 개 사

미묘하고 미묘하다. 간첩을 쓰지 않는 곳이 없다. 간첩의 일(활동)이 시작하지 않았
는데 미리 알려지면 간첩과 더불어 그 정보를 알린 자도 모두 죽인다.

凡軍之所欲擊 城之所欲攻 人之所欲殺 必
범 군 지 소 욕 격 성 지 소 욕 공 인 지 소 욕 살 필
先知其守將 左右 謁者 門者 舍人之姓名 令
선 지 기 수 장 좌 우 알 자 문 자 사 인 지 성 명 영
吾間必索知之
오 간 필 색 지 지

무릇 공격하고자 하는 군대, 공략하려는 성, 죽이고자 하는 사람에 대해서는 반드시
그 수장과 좌우 측근과 연락병, 수문장, 사인의 이름을 먼저 알아야 한다. 아군의 간
첩으로 하여금 반드시 찾아 알리게 한다.

必索敵人之間來間我者 因而利之 導而舍之
필색적인지간래간아자 인이리지 도이사지

故反間可得而用也
고반간가득이용야

아군을 염탐하러 온 적국의 간첩을 반드시 수색하여 찾아내면 친하게 지내고 이로움
을 제공하여 설득해서 편의를 제공함으로써 반간을 얻어 활용할 수 있다.

因是而知之 故鄉間 內間可得而使也
인시이지지 고향간 내간가득이사야

이를 통하여 (적의 실상을) 알 수 있으므로 향간과 내간을 얻어 부릴 수 있는 것이다.

因是而知之 故死間爲誑事 可使告敵 因是
인시이지지 고사간위광사 가사고적 인시

而知之 故生間可使如期
이지지 고생간가사여기

이를 통하여 (적의 실상을) 알 수 있으므로 사간이 허위 정보를 만들어 적에게 잘못된
정보를 줄 수 있다. 이를 통하여 (적의 실상을) 알 수 있으므로 생간을 필요한 시기에
부릴 수 있다.

五間之事 主必知之 知之必在於反間 故反
오 간 지 사　주 필 지 지　지 지 필 재 어 반 간　고 반

間不可不厚也
간 불 가 불 후 야

다섯 가지 간첩에 대한 일은 군주가 필히 알아야 하고 (적의 실상을) 아는 것은 반드시 반간에 달려 있으므로 반간은 후하게 대우하지 않으면 안 된다.

昔殷之興也 伊摯在夏 周之興也 呂牙在殷
석 은 지 흥 야　이 지 재 하　주 지 흥 야　여 아 재 은

옛날에 은나라가 흥하게 될 때 이지가 하나라에 있었고 주나라가 흥하게 될 때 여아가 은나라에 있었다.

* 이지와 여아: 이지는 하나라에 있다가 은나라의 재상이 된 이윤을 말하고 여아는 주무왕을 도와 은나라를 무너뜨린 강태공을 말한다.

故惟明君賢將 能以上智爲間者 必成大功
고 유 명 군 현 장　능 이 상 지 위 간 자　필 성 대 공

此兵之要 三軍之所恃而動也
차 병 지 요　삼 군 지 소 시 이 동 야

그러므로 명석한 군주와 현명한 장수만이 능히 뛰어난 지혜로써 간첩을 이용하여 반드시 큰 공을 세울 수 있는 것이다. 이것이 용병의 요체이고 삼군이 의지하여 (군대를) 움직이게 하는 것이다.

其疾如風 其徐如林 侵掠如火

기 질 여 풍 기 서 여 림 침 략 여 화

不動如山 難知如陰 動如雷震

부 동 여 산 난 지 여 음 동 여 뇌 진

빠르기는 바람과 같고 느림은 숲과 같고 침략은 불과 같고
움직이지 않음은 산과 같고 알기 어려움은 그늘(어둠)과 같고
움직임은 우레와 천둥 같다.

---

凡戰者 以正合 以奇勝

범 전 자 이 정 합 이 기 승

故善出奇者 無窮如天地 不竭如江河

고 선 출 기 자 무 궁 여 천 지 불 갈 여 강 하

무릇 전쟁은 정(원칙)으로 맞서고 기(변칙)로 이긴다.
그러므로 기를 잘 쓰는 자는 천지와 같이 다함이 없고 강과 바다처럼 마르는 법이 없다.

---

視卒如嬰兒 故可與之赴深溪

시 졸 여 영 아 고 가 여 지 부 심 계

視卒如愛子 故可與之俱死

시 졸 여 애 자 고 가 여 지 구 사

병사를 어린아이처럼 대하면 함께 깊은 골짜기에 갈 수 있고
병사를 사랑하는 자식처럼 대하면 함께 죽을 수 있다.

勝兵 先勝而後求戰 敗兵
승 병 선 승 이 후 구 전 패 병

先戰而後求勝
선 전 이 후 구 승

승리하는 용병은 먼저 승리를 한 후에 전쟁을 구하고
패배하는 용병은 먼저 전쟁을 한 후에 승리를 구한다.

---

百戰百勝 非善之善者也
백 전 백 승 비 선 지 선 자 야

不戰而屈人之兵 善之善者也
부 전 이 굴 인 지 병 선 지 선 자 야

백 번 싸워 백 번 이기는 것은 최선 중의 최선이 아니다.
싸우지 않고 적의 용병을 굴복시키는 것이 최선 중의 최선이다.

---

計利以聽 乃爲之勢 以佐其外
계 리 이 청 내 위 지 세 이 좌 기 외

勢者 因利而制權也
세 자 인 리 이 제 권 야

이로움이 있다고 판단하면 이를 따르고
또한 이에 더하여 세를 이룸으로써 그 이로움을 더욱 크게 한다.
세란 이로움을 바탕으로 권(임기응변)을 만드는 것이다.